LA QUADRATURE DU CERCLE

LA

QUADRATURE DU CERCLE

PAR LE CAPITAINE MOAT

Chevalier de la Légion d'Honneur.

BAR-LE-DUC. — TYPOGRAPHIE LOUIS GUÉRIN

—

1871

AVIS

AVANT-PROPOS

La quadrature du cercle a été l'objet de la recherche des savants de tous les pays, elle est de la plus haute importance. En effet, sans cette découverte il était de toute impossibilité de mesurer la superficie des cercles, celle des sphères, ainsi que leurs volumes. Pour la seule mesure de la sphère terrestre, on avait une erreur de plus de 3,000,000 de lieues carrées, et une erreur bien plus grande encore pour la mesure de son volume.

Parmi les quelques problèmes de Géométrie encore inédits qui font la seconde partie de cet ouvrage, les trois premiers sont une application de la quadrature du cercle, et par conséquent d'une utilité actuelle.

La partie de cet ouvrage, sous le titre de *Considérations sur l'histoire de la terre*, est aussi très-intéressante; les chapitres qui traitent de la chaleur de la terre, de la cause des vents, des vapeurs atmosphériques, des courants marins, de la distance de la terre au soleil, ainsi que ceux concernant les notices historiques sur la Géométrie et la Mécanique, sont aussi d'un intérêt fort important.

INTRODUCTION

Après que les hommes eurent été mis en possession des biens de la terre, ils durent nécessairement chercher à connaître la contenance de leurs propriétés. Ils imaginèrent donc des unités de mesure et de comparaison ; et tout naturellement, ces unités de mesure durent être des surfaces peu étendues, et enceintes de lignes droites, c'est-à-dire des carrés. Ces mesures furent différentes dans chaque nation, dans chaque province, et souvent dans chaque ville. L'on imagina donc assez facilement les moyens pour trouver la quadrature des surfaces terminées par des lignes droites ; mais lorsqu'il s'est agi de celles des cercles, l'on échoua.

Cependant, Plutarque nous apprend qu'Anaxagore de Clazomène, et Hippocrate de Chio, qui florissaient dans le ve siècle avant Jésus-Christ, et plus tard Dinostrate, géomètre contemporain de Platon, s'occupèrent de la quadrature du cercle, et composèrent des ouvrages à ce sujet.

Archimède, le plus célèbre géomètre de l'antiquité, et qui trouva un rapport très-rapproché entre le diamètre et la circonférence du cercle, en chercha aussi la quadrature, mais vainement; depuis, toutes les tentatives qui ont été faites dans ce but ont été sans succès.

Dans cet opuscule, nous exposons la méthode pour résoudre le problème de la quadrature du cercle, ce que les moyens actuels, donnés par les géométries, ne peuvent faire que très-imparfaitement.

Nous appelons aussi tout particulièrement l'attention de nos lecteurs sur le premier et le quatrième des problèmes de géométrie encore inédits de la seconde partie de cet ouvrage, et surtout sur le triangle rectangle, dont les propriétés ne sont pas moins remarquables que celles concernant le problème de la quadrature du cercle.

La partie de cet ouvrage, sous le titre de *Considérations sur l'histoire de la terre*, doit être considérée comme des notions sur la physique générale, qui est une science toute positive et d'une application de tous les instants.

Quant aux chapitres qui traitent des notices historiques sur la géométrie et la mécanique, nous les avons insérés dans cet ouvrage, comme aussi intéressants qu'utiles pour les jeunes gens qui désirent s'instruire.

LA QUADRATURE DU CERCLE

CHAPITRE PREMIER.

DÉFINITION DE LA QUADRATURE DU CERCLE ET RÉSOLUTION DE CE PROBLÈME

La quadrature du cercle n'est pas précisément le rapport de la circonférence à la superficie, mais bien entre la dimension et la superficie du cercle. C'est encore la moyenne des cordes du cercle multipliée par elle-même. Elle a pour objet la mesure de l'aire des cercles, de la superficie et du volume des sphères.

Mais comme, pour obtenir la moyenne des cordes d'un cercle, il faudrait nécessairement tracer sur ce cercle un grand nombre de cordes, les mesurer, faire la somme de la totalité de ces cordes, et diviser cette somme par le nombre de cordes donné, ce moyen serait trop long et trop difficile ; nous opérerons donc de la manière suivante :

MESURE DE L'AIRE DU CERCLE.

Etant donné le cercle *a d*, nous diviserons la circonférence de ce cercle en quatre parties égales, soit

par a^2, et nous en formerons le parallélogramme *a b c d* ; ensuite nous multiplierons la quadratrice *a b* par la quadratrice *b c*, et le produit nous donnera la qua-

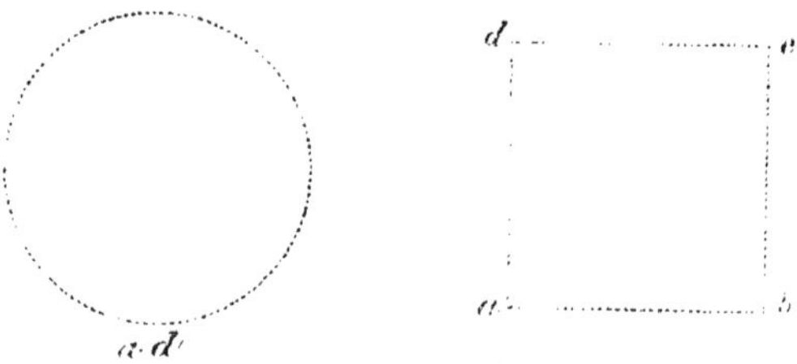

drature ou aire du cercle, ce que nous énoncerons ainsi qu'il suit :

$$(a\ d : a^2 = q)\ (q \times q = s.\ a\ b\ c\ d.)$$
$$(s.\ a\ b\ c\ d = s.\ a\ d.)$$

Comme preuve de l'exactitude de la résolution de ce problème, nous ferons observer que, s'il n'en était pas ainsi que nous venons de le démontrer, il faudrait que le périmètre du parallélogramme *a b c d* fût plus grand ou plus petit que la circonférence du cercle *a d*, ce qui est impossible, puisque ce périmètre est égal à la circonférence même de ce cercle ; donc la quadrature du parallélogramme *a b c d* est bien égale à celle du cercle *a d*.

CHAPITRE II.

MESURE DE LA SPHÈRE TERRESTRE.

Si, d'après le principe posé ci-dessus, nous voulons connaître la quadrature d'une sphère quelconque, nous opérerons ainsi qu'il suit:

L'on sait que la circonférence de la terre est de 9,000 lieues ; si donc nous divisons cette circonférence en quatre parties égales, nous obtiendrons pour chacune d'elles 2,250 lieues. Si ensuite nous élevons ce quotient au carré, nous aurons la superficie d'un parallélogramme dont les côtés seraient de 2,250 lieues; faisant ensuite la somme de la superficie des six parallélogrammes dont serait composé un solide égal à la sphère terrestre, nous aurons :

2,250 × 2,250 = 5,062,500 × 6 = 30,375,000 lieues carrées pour la superficie du globe terrestre.

Si ensuite nous voulons connaître le volume de la terre, nous aurons :

2,250 × 2,250 = 5,062,500 × 2,250 = 11,390,625,000

CHAPITRE III.

MESURE DE LA CALOTTE DES SPHÈRES.

Lorsque nous voudrons résoudre le problème concernant la calotte d'une sphère quelconque, nous procéderons par des moyens analogues à ceux indiqués dans les chapitres précédents, c'est-à-dire que nous diviserons le cercle générateur en quatre parties égales; cela fait nous élèverons le quotient au carré, ensuite nous multiplierons le produit ainsi obtenu par trois pour avoir la superficie de la calotte, soit:

$$(c\,g : a^2 = q)\ (q \times q = s.\,c\,g)\ (s.\,c\,g \times 3 = s.\,c.)$$

QUELQUES

NOUVEAUX PROBLÈMES DE GÉOMÉTRIE

ENCORE INÉDITS

QUELQUES

NOUVEAUX PROBLÈMES DE GÉOMÉTRIE

CHAPITRE PREMIER.

LA SUPERFICIE DU CERCLE ET CELLE DE LA SPHÈRE SONT INVERSEMENT PROPORTIONNELLES A LA CIRCONFÉRENCE, AU SINUS ET AU RAYON.

Pour résoudre ce problème, il faut comparer deux cercles de dimensions différentes. Prenons pour exemple deux cercles dont les circonférences sont de 40 et de 80 mètres, la superficie donnera 100 pour le cercle de 40 mètres et 400 pour le cercle de 80 mètres. Si nous divisons ensuite par leurs logarithmes les termes 40 et 100, 80 et 400, nous aurons :

$$40 \text{ et } 100 : 20 = \frac{2}{5^{es}} \quad 80 \text{ et } 400 : 40 = \frac{2}{10^{es}}$$

pour les rapports de la circonférence à la superficie de ces deux cercles; donc la superficie du cercle et celle de la sphère sont inversement proportionnelles à la circonférence, au sinus et au rayon.

CHAPITRE II.

DE LA MESURE DES SURFACES OVALES.

Si nous voulons connaître la superficie de la figure ovale *m n* nous procéderons comme il a été indiqué pour la résolution du problème de la quadrature du cercle, c'est-à-dire que nous diviserons la circonférence du cercle *a c* en quatre parties égales, soit par a^2, et nous aurons les côtés d'un parallélogramme de même dimension, nous multiplierons ensuite deux des côtés de ce parallélogramme l'un par l'autre et le produit donné sera la superficie du cercle *a c*. Cela fait nous diviserons le périmètre de la figure *e f* également en quatre parties égales, et la 2ᵉ puissance du quotient que nous aurons obtenu nous donnera la superficie de cette figure que nous retrancherons de celle du cercle *a c*; la différence sera la moitié de la superficie

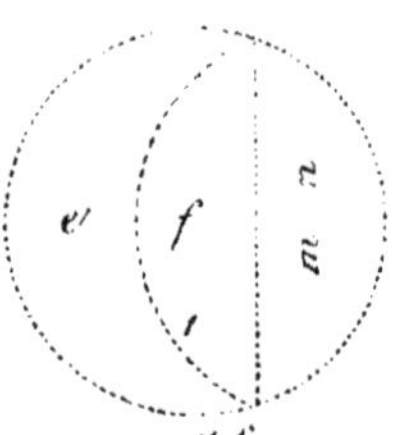

de la figure *m n*, soit pour la figure entière $b + b$ ce que nous énoncerons ainsi qu'il suit :

$$(a\,c : a^2 = q)\ (q \times q = s.\ a\ c.)\ (e\,f : a^2 = q.)$$
$$(q \times q = s.\ e\,f.)\ (s.\ a\,c - e\,f = s.\ m\,n : 2 \text{ soit } b)\ (b + b = s.\ m\,n.)$$

Si nous voulons ensuite connaître la superficie d'un solide de la dimension de la figure *m n*, nous multiplierons $b + b$ par 4 pour la surface dont se composeraient les quatre faces d'un solide égal au volume de cette figure ; le produit en sera la superficie, soit :

$$(s.\ m\,n \times 4 = 4\ s.\ m\,n.)$$

Si au contraire nous voulons connaître le volume d'un solide de la dimension de la figure *m n*, nous extrairons la racine carrée de $b + b$ et nous multiplierons $b + b$ par cette racine ; alors nous aurons :

$$(b + b, \sqrt{\ } \times R = v.\ m\,n.)$$

CHAPITRE III.

DE LA MESURE DE L'AIRE DE L'ELLIPSE.

Lorsque nous voudrons résoudre ce problème, nous procéderons comme au chapitre précédent, et après avoir divisé le périmètre de l'ellipse en quatre parties, nous en formerons un rectangle auquel nous don-

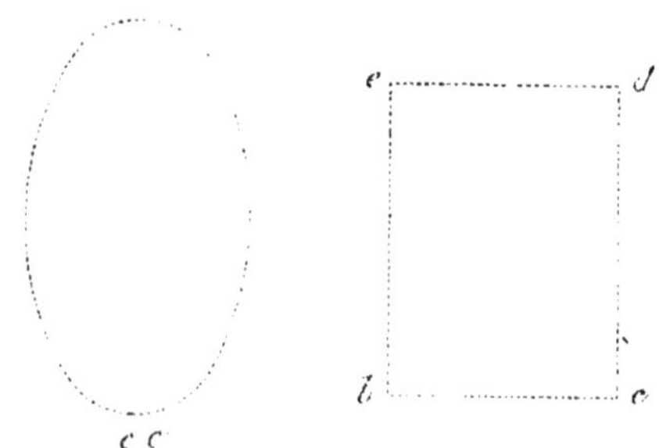

nerons une longueur égale aux trois quarts de celle de l'ellipse, et toute la largeur que comportera le développement de ce rectangle dont le périmètre devra être égal à celui de l'ellipse, ensuite nous multiplierons la quadratrice *b c* par la quadratrice *c d*, et le produit nous donnera la superficie du rectangle *b c d e*, égale à celle de l'ellipse *c e*, soit :

(*c e* : *x* = *b c* et *c d*) (*b c* $\times$ *c d* = *s*. *b c d e*) (*s*. *b c d e*. = *s*. *c e*.)

CHAPITRE IV.

UNE PROPRIÉTÉ DU TRIANGLE RECTANGLE.

Dans tous triangles rectangles les trois côtés sont proportionnels. Exemple :

Pour résoudre le problème du triangle *a b c* ci-dessous, si nous prolongeons la base *a b* en *d*, la perpendiculaire *b c* et l'hypoténuse *a c* seront prolongés proportionnellement à cette base, et *a b* sera à *b c* et à *a c* comme *a d* est à *d e* et à *a e*, et par conséquent les trois côtés de ce triangle sont proportionnels entre eux.

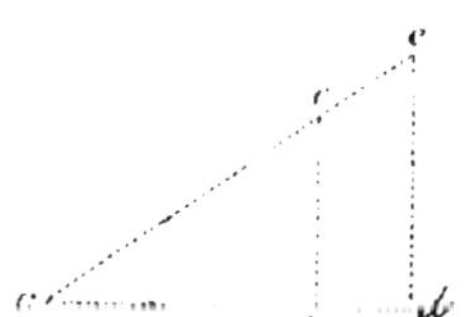

NOTICES HISTORIQUES

SUR LA

GÉOMÉTRIE ET LA MÉCANIQUE

NOTICES HISTORIQUES

SUR LA GÉOMÉTRIE ET LA MÉCANIQUE

CHAPITRE PREMIER.

SUR LA GÉOMÉTRIE.

L'homme existait depuis longtemps sur la terre, il avait pu voir avec étonnement l'immensité des cieux et de la grandeur divine, ses besoins physiques s'étaient fait sentir, il lui avait fallu faire choix des fruits les plus propres à lui servir d'aliments, se choisir une demeure, un abri, une cabane sans doute, ses regards ont dû se porter sur les endroits de la terre, les plus fertiles, les plus féconds, sur ceux enfin où il avait trouvé sa première et sa plus abondante nourriture. Il s'arrêta donc dans ces lieux, il y construisit son abri, sa demeure, fixa les limites de cette première propriété, par des lignes de pieux, afin de se préserver des dangers que pouvaient lui causer ses semblables, et les animaux sauvages qui s'étaient déjà multipliés. Le besoin de voir, de comparer les objets, dont il était nécessaire qu'il se servît pour son utilité de tous les instants, les lui avait gravés dans la mémoire. Cependant ses connaissances étaient encore bornées aux objets de première nécessité, et il dut rester longtemps dans cette condition, dans cet état de misère. Mais la nature humaine était perfectible; l'intelligence de l'homme se développa, le champ de ses connaissances s'agrandit, il conçut l'idée de l'étendue, de la dimension des corps et des objets, l'ombre les projeta et lui fit concevoir l'idée de les représenter, il en traça les angles et les profils, de là naquit la géométrie. Bientôt après, il éleva de nouveau ses regards vers les cieux, il put admirer ces grands corps célestes, qui donnent la vie et le mouvement à toute la nature; il chercha des comparaisons à leurs dimensions et à leurs distances de la terre, et ainsi il imagina la trigonométrie.

La géométrie nous est venue de l'Egypte, comme presque toutes les autres sciences que possédaient les anciens. (Les Egyptiens avaient probablement eu ces connaissances, des peuples de l'ancienne Atlantide, dont l'Océan porte encore le nom; ces peuples qui habitaient le plus beau climat du monde, obligés d'abandonner leur patrie que les mers couvraient de leurs eaux, avaient porté les bienfaits de leur civilisation dans l'Orient.) Cependant, selon Hérodote et Strabon, les Egyptiens ne pouvant reconnaître les bornes de leurs héritages, que les inondations du Nil couvraient chaque année, inventèrent l'art de mesurer et de diviser les terres, afin de distinguer les leurs par la considération de la figure qu'elles avaient et de la surface qu'elles pouvaient contenir.

L'on assure que ce fut Thalès de Milet qui, de l'Egypte, porta la géométrie en Grèce et enrichit cette science de plusieurs propositions qui sont, dans l'Euclide, les cinquième, quinzième, vingt-cinquième du premier livre de ses éléments, et la trente et unième du troisième livre. Après lui vint Pythagore, qui découvrit la fameuse proposition du carré de l'hypoténuse. Ce philosophe ouvrit le premier une école de géométrie et y exposa les beautés de cette science, qui y fut bientôt en grande vénération. Plutarque nous apprend qu'Anaxagore de Clazomène s'occupa du problème de la quadrature du cercle, dans la prison où il avait été enfermé, et même qu'il composa un ouvrage à ce sujet. Dinostrate, géomètre contemporain de Platon, imagina les largeurs moyennes qu'il nomma quadratrices et avec lesquelles il essaya vainement encore de résoudre le problème de la quadrature du cercle ; depuis, toutes les tentatives faites par les géomètres les plus célèbres, pour trouver un carré égal à la surface d'un cercle donné, ont été sans succès.

Platon donna une solution très-simple de la duplication du cube. Ensuite Euclide parut : il recueillit avec soin ce que ses prédécesseurs avaient trouvé sur la géométrie et en composa l'ouvrage que nous avons de lui. Les différentes propriétés des sections coniques, que plusieurs mathématiciens découvrirent successivement, furent recueillies par Apollonius de Perge. Ce fut lui qui donna aux trois sections coniques les noms qu'elles portent de parabole, d'ellipse et d'hyperbole. A peu près dans le même temps, florissait Archimède dont nous avons de si beaux ouvrages sur la sphère et le cylindre, sur les conoïdes, les sphéroïdes et les spirales.

Les Grecs, après qu'ils eurent été subjugués par les Romains, continuèrent à cultiver la géométrie. Ils eurent donc d'habiles géomètres, tels que Ptolémée, Pappus, Dioclès, Eutocius et Proclus : il n'en fut pas de même des Romains, qui, n'ambitionnant que la conquête du monde, négligèrent la géométrie et les sciences en général.

Après la décadence de l'empire, l'ignorance profonde qui couvrit l'Occident tout entier, nuisit à la géométrie, et l'on ne trouva plus chez les Latins, ni même chez les Grecs, d'hommes versés dans cette science.

A la renaissance des lettres, l'on se borna presque

uniquement à traduire et à commenter les ouvrages des anciens, et la géométrie fit peu de progrès jusqu'à Descartes. Cet homme illustre publia, en 1637, sa géométrie, et commença l'application de l'algèbre à cette science ; on lui doit encore l'application de l'algèbre à la physique.

Fermat imagina le premier la méthode des tangentes par les différences ; Barrow la perfectionna en imaginant son petit triangle différentiel et en se servant du calcul analytique pour découvrir la sous-tangente des courbes. Enfin Leibnitz publia en 1684 les règles du calcul différentiel.

Mais ces écrits, quelque admirables qu'ils puissent être, ne sont rien en comparaison de l'immortel ouvrage de Newton, sous le titre de *Phylosophiæ naturalis principia mathematica.* Ce livre a été l'époque d'une révolution dans la physique et a fait de cette science une science nouvelle, toute fondée sur l'observation, l'expérience et le calcul.

Si la géométrie nouvelle est principalement due aux Anglais et aux Allemands, c'est à deux hommes de notre nation que l'on est redevable des deux grandes idées qui ont conduit à la trouver, Descartes et Fermat. Que l'on ajoute à ces deux hommes illustres, ce que les Pascal, les Pardis, les Arnaud, les Malézieux, les Roberval, les Lacaille, les Borda, les Delambre, les Monge, les Lagrange, tant d'autres français, et dans ces derniers temps les célèbres Laplace et Arago, etc., etc., ont fait en géométrie, et l'on conviendra que cette science ne doit pas moins à la France qu'aux autres nations.

CHAPITRE II.

SUR LA MÉCANIQUE.

A tous les âges du monde, les hommes se sont ingéniés pour trouver les moyens de diminuer leurs fatigues dans leurs travaux, tout en pourvoyant à leurs besoins. Nous nous rappelons sans doute que les Romains, pendant les guerres qu'ils faisaient à tous les peuples de la terre, avaient pourvu leurs soldats de moulins à bras, pour moudre le froment dont ils se nourrissaient.

A mesure que les hommes ont progressé dans les arts, ils ont cherché des moyens plus mécaniques pour abréger le travail. Les cours d'eau leur ont d'abord servi de moteurs, ils ont construit des moulins sur les fleuves et sur les rivières ; toutes les usines industrielles étaient mues par cet agent. Mais dans les premiers âges les progrès allaient lentement, et pendant plusieurs siècles, l'humanité tout entière fut réduite à ces seuls agents, jusqu'à ce qu'enfin le célèbre James Watt pût substituer aux moteurs hydrauliques, celui de la vapeur.

Si nous avons quelquefois voyagé sur mer, nous

avons dû être agréablement surpris en voyant ces merveilleuses et puissantes machines, que le génie de l'homme a inventées, ces engrenages multiples, ce foyer ardent qui consume des masses de combustible et ces immenses chaudières, dans lesquelles l'eau se vaporise et fait mouvoir l'arbre gigantesque, qui donne le mouvement à la masse imposante d'un vaisseau, chargé de canons, de munitions et de vivres, et souvent monté par plusieurs centaines d'hommes.

La mécanique, qui est la science des lois de l'équilibre et du mouvement des corps, était déjà en pratique chez les anciens : ils ont connu la composition des forces, comme on le voit par quelques passages d'Aristote, dans les questions de mécanique ; mais il est probable qu'ils ont ignoré la théorie des mouvements variés.

Le célèbre Archimède, regardé depuis, parmi les géomètres, comme l'inventeur de la statistique, trouva la propriété générale du centre de gravité, donna les principes du levier et en fit d'heureuses applications à plusieurs machines qu'il imagina, telles que celles du plan incliné, la vis ordinaire et celle qui porte son nom.

Depuis le seizième siècle, la mécanique rationnelle a fait des progrès rapides : l'on doit à Galilée la loi d'accélération des graves et une théorie complète du mouvement uniformément accéléré, à Huyghens et à Wallis les vraies lois des mouvements dus à la percussion des corps. Mais lorsque l'analyse infinitésimale fut découverte, elle devint un instrument applicable à toutes les parties des mathématiques, et contribua singulièrement à porter au plus haut degré de perfection, la théorie des mouvements produits par l'action et la réaction, que les corps d'un même système exercent les uns sur les autres.

Une machine, quelque composée qu'elle soit, a pour objet de transmettre, suivant une certaine loi, la force mouvante ou puissance au fardeau ou à la résistance à vaincre. Elle n'est qu'une application plus ou moins ingénieuse des sept machines simples ou primitives, telles que : la corde, la poulie, le tour, le plan incliné, le levier, la vis et le coin.

L'on ne peut douter que les Egyptiens n'aient employé des machines d'un effet prodigieux, pour transporter au loin et élever à de grandes hauteurs, les énormes blocs de pierres dont sont composées leurs pyramides, et il est à présumer que les moulins à eau dont parle Vitruve, et dont il donna la description au temps d'Auguste, étaient connus plus anciennement. Mais un fait incontestable, c'est que cent ans après Archimède, deux mathématiciens de l'école d'Alexandrie, Ctésibius et Héron, inventèrent plusieurs machines très-ingénieuses, telles que la pompe, la fontaine de compression, dans laquelle l'air condensé élève l'eau au-dessus de son niveau, le siphon à branches inégales où l'eau monte par la plus courte, quand on y fait le vide, et s'écoule par la plus longue; le bélier hydraulique que Montgolfier proposa pour élever l'eau à une grande hauteur, par l'action d'un léger courant d'eau.

Parmi les inventions mécaniques que nous devons mettre au premier rang, sont celles qui ont le plus servi à l'astronomie, telles que les horloges à pendules et les montres marines. L'Angleterre se glorifie d'avoir eu ses Graham et ses Harrison, la France ses Berthoud et ses Bréguet. Une infinité d'autres machines, destinées à suppléer aux forces de l'homme et des animaux, et qui sont employées dans les manufactures, attestent les immenses progrès que la mécanique a faits en Europe depuis un siècle. Cependant, dès 1663, le marquis de Worcester avait donné l'idée de faire mouvoir les machines par la vapeur; mais c'est à Amontons, à Dalesme et surtout à Thomas Savery, que l'on doit l'importante invention des pompes à feu, mues par cet agent. Une machine de ce genre a été exécutée par M. Perrier, d'après les principes de Watt et Balton : cette machine a été depuis perfectionnée par le chevalier de Beltancourt; de là à l'usage des bateaux à vapeur et des machines à hautes pressions, il n'y avait qu'un pas. L'art du mécanicien est de tirer de l'effet dynamique le parti le plus avantageux.

CONSIDÉRATIONS

SUR

L'HISTOIRE DE LA TERRE

CONSIDÉRATIONS
SUR L'HISTOIRE DE LA TERRE

CHAPITRE PREMIER.

DESCRIPTION DE LA TERRE.

La terre est un des grands corps planétaires; elle a deux mouvements qui lui sont propres : le mouvement diurne par lequel elle tourne sur elle-même en vingt-quatre heures, et le mouvement de rotation annuel, qu'elle exécute en trois cent soixante-cinq jours, cinq heures et quarante-huit minutes ; pendant ce second mouvement, elle présente successivement ses divers plans à l'action du soleil, et nous donne ainsi les quatre saisons dont se compose l'année solaire, et elle parcourt un cercle, dont le diamètre est limité par les deux tropiques, et dont la circonférence est de 3,615 lieues. Dans son mouvement diurne, elle a une vitesse de 27,775 mètres par minutes : elle a par conséquent 9,000 lieues de circonférence. Sa superficie est de 30,375,000 lieues carrées de vingt-cinq au degré, et son volume de 11,390,625,000 lieues cubes.

Dans tous les climats compris dans la zone équatoriale, les jours sont égaux aux nuits; ils sont inégaux dans tous les climats tempérés, hors le temps des équinoxes; lorsque le soleil est au tropique du Cancer, les jours sont très-longs dans les climats froids; ils sont très-courts, lorsqu'il est à celui du Capricorne. Aux pôles, le jour et la nuit se partagent l'année et sont, par conséquent, de six mois.

La terre est un globe immense, qui nous présente de toutes parts des élévations, des profondeurs plus ou moins considérables, des plaines, des mers, des lacs, des marais, des fleuves et des rivières, des cavernes, des gouffres et des volcans. A l'inspection nous ne découvrons dans tout cela rien de régulier, aucun ordre apparent. Si nous pénétrons dans son intérieur, nous y trouvons des minéraux, des métaux, des bitumes, des sables et des argiles, des glaises, des terres, des eaux et des matières de toutes sortes, placées comme au hasard, sans règle ni ordre. Si nous examinons avec plus d'attention sa surface accidentée, nous voyons des montagnes affaissées, des rochers fendus et brisés, déchaussés à leur base par les injures du temps; des contrées entières englouties, des terrains submergés, des îles nouvelles, des cavernes comblées, des matières pesantes sur des matières légères, des substances molles environnées de corps durs, des matières humides, sèches, froides, chaudes, friables ou solides, toutes mêlées et dans une sorte de confusion qui ne nous présente d'autre aspect que celui d'un monceau de débris, d'un monde enfin souvent semblable à des ruines.

Ces ruines nous les habitons avec une entière sécurité, les âges se succèdent, une génération remplace une autre génération ; les animaux se reproduisent sans interruption, et les produits de la terre ne manquent jamais à leur nourriture. Les mers ont des bornes et des lois, leurs vagues y sont soumises ; l'air a ses courants, et depuis les tempêtes qui font périr et briser nos vaisseaux jusqu'à la brise de l'été qui rafraîchit nos campagnes, tout semble ajouter aux éléments discordants de la nature entière. Les saisons ont leurs retours périodiques et certains, la verdure n'a jamais manqué de succéder aux frimats ; la terre qui n'était hier qu'un chaos, est devenue un séjour délicieux où règnent le calme et l'harmonie, où tout est animé par une puissance infinie et par une intelligence qui nous remplissent d'admiration pour le Créateur.

Mais ne nous pressons pas de prononcer sur l'irrégularité que nous voyons sur la terre, pas plus que sur le désordre qui paraît exister dans son intérieur ; nous en reconnaîtrons bientôt l'utilité. Si nous y faisons plus attention, nous y retrouverons probablement un ordre et des rapports que nous n'avons pas encore aperçus. A la vérité nos connaissances à cet égard seront toujours bornées ; nous ne connaissons pas encore la surface entière de la terre ; nous ignorons en partie ce qui se trouve au fond des mers ; il y en a dont nous n'avons pu sonder les profondeurs ; nous ne pouvons pénétrer que dans la croûte de la terre ; les plus grandes cavités, les mines les plus profondes ne descendent qu'à une partie relativement très-minime de son diamètre. Nous ne pouvons donc juger que de la couche extérieure et superficielle, l'intérieur nous étant inconnu. L'on sait que la terre est beaucoup plus dense que le soleil : nous avons aussi le rapport de sa pesanteur avec les autres planètes ; mais l'estimation que l'on a pu en faire est relative ; l'unité de mesure nous manque, le poids réel de la matière nous étant inconnu ; de sorte que l'intérieur de la terre pourrait être vide ou rempli d'une matière dix fois plus pesante que l'or ; nous n'avons aucun moyen de nous assurer de la vérité, et à peine pouvons-nous former sur cela quelques conjectures raisonnables.

Nous devons donc nous borner à examiner la surface de la terre et la minime épaisseur dans laquelle nous avons pénétré. La première chose qui se présente à nos yeux, c'est l'immense quantité d'eau, qui couvre la plus grande partie du globe; nous savons que ces eaux occupent toujours les parties les plus basses et les plus déclives de la terre, qu'elles sont toujours de niveau et tendent perpétuellement à l'équilibre et au repos. Cependant nous les voyons agitées par une puissance qui, s'opposant à la tranquillité de cet élément, lui impose un mouvement périodique et réglé, soulève et abaisse alternativement les flots et fait un balancement de la masse totale des mers en les remuant dans toute leur profondeur. Nous savons que ce mouvement est de tous les temps, et qu'il durera autant que la lune et le soleil qui en sont les causes.

Si nous considérons ensuite le fond des mers, nous y remarquerons autant d'inégalités que sur la terre; nous y trouvons des vallées, des hauteurs, des plaines, des profondeurs, des rochers et des terrains de toutes sortes; nous voyons que toutes les îles ne sont que les sommets de vastes et hautes montagnes à fleur d'eau. Nous y remarquons des courants rapides, qui se portent constamment dans la même direction, rétrogradent quelquefois, sans jamais excéder leurs limites, qui paraissent aussi invariables que celles qui bornent les efforts des fleuves de la terre. Là sont ces contrées orageuses où les vents en fureur précipitent les tempêtes, où la mer et le ciel également agités se choquent et se confondent. Ici sont des bouillonnements, des trombes et des agitations causées par des volcans dont les bouches submergées vomissent le feu du sein des ondes, et poussent jusqu'aux nues une épaisse vapeur de soufre et de bitume. Plus loin, nous apercevons ces vastes plaines toujours calmes, mais non moins dangereuses, où les vents n'exercent que rarement leur empire, où tombent des pluies diluviennes, où la tempête succède au calme et le calme à la tempête.

Si nous portons les yeux jusqu'aux extrémités du globe, nous voyons des glaces énormes se détacher des continents et des pôles et venir comme des montagnes flottantes se fondre dans les régions tempérées. Voilà ce que nous offre le vaste empire des mers. Si nous considérons ensuite les millions d'habitants qui existent dans le sein des eaux, et qui en peuplent l'étendue, nous voyons des animaux de toutes sortes : les uns couverts d'écailles légères, traversent avec rapidité les différents climats ; d'autres chargés d'une épaisse coquille, se traînent pesamment, et marquent avec lenteur leur route sur le sable ; d'autres, auxquels la nature a donné de puissantes nageoires, s'en servent pour s'élever et se soutenir dans les airs ; d'autres enfin, auxquels tout mouvement a été refusé, croissent et vivent attachés aux rochers aussi immuables que les écueils sur lesquels ils reposent.

Le fond des mers est de sable ou de gravier de terre ferme ou de rochers, quelquefois il est blanc, mais plus souvent il est noir; dans le voisinage des côtes, et lorsque la mer est peu profonde, il est couvert de plantes, d'algues marines ou de varechs; partout il ressemble à la terre que nous habitons.

Lorsque nous voyageons sur la partie sèche du globe, nous trouvons une différence prodigieuse entre les différents climats, combien sont variés les sites et les différences de niveau. Si nous les observons avec attention, nous reconnaîtrons que les chaînes de montagnes se trouvent plus voisines de l'équateur que des pôles, que dans l'ancien continent elles s'étendent de l'Orient à l'Occident beaucoup plus que du Nord au Sud; et que dans le nouveau elles sont au contraire dans une direction du Sud au Nord; mais ce qu'il y a de remarquable, c'est que la forme de ces montagnes et de leurs contours, qui paraissent absolument irréguliers, a cependant des directions suivies, et correspondantes entre elles; les angles saillants d'une montagne sont presque toujours opposés aux angles rentrants de la montagne voisine, qui en est séparée par un vallon ou par une profondeur. Nous observons aussi que les collines opposées sont toujours à peu près de même hauteur; et qu'en général les montagnes occupent le milieu des continents et les partagent dans la plus grande longueur. Si nous suivons de même la direction des grands fleuves, nous verrons qu'elle est presque toujours perpendiculaire à la côte de la mer, dans laquelle ils ont leurs embouchures; et que dans la plus grande partie de leurs cours, leur direction est à peu près la même que celle des chaînes de montagnes, aux pieds desquelles ils prennent leurs sources.

Lorsque nous examinons les côtes de la mer, nous voyons qu'elles sont ordinairement bordées de rochers, de rocs de marbre et d'autres pierres dures, ou par des terres ou des sables, qu'elle a elle-même accumulés, et du limon que le cours des fleuves a déposé sur ses bords; que les côtes voisines qui ne sont séparées que par un bras de mer sont des mêmes matières, des mêmes éléments, et que les lits de terre sont semblables de l'un et de l'autre côté.

Quand nous examinons les volcans, qui se trouvent dans les hautes montagnes, nous pouvons voir qu'il y en a un grand nombre dont les feux sont éteints, que quelques-uns de ces volcans ont des correspondances, et que leurs explosions se font quelquefois en même temps. Il existe aussi une correspondance entre certains lacs et les mers voisines : ici sont des fleuves et des torrents, qui se perdent tout à coup, et paraissent se précipiter dans les entrailles de la terre ; là est une mer dans laquelle se jettent vingt fleuves, qui y portent de toutes parts la masse de leurs eaux, sans jamais augmenter ce lac immense, qui semble rendre par des voies souterraines tout ce qu'il reçoit par ses bords.

Nous reconnaissons aussi facilement les contrées anciennement habitées depuis de longues années ; nous les distinguons de ces pampas, de ces savanes nouvelles, où les terres n'ont pas encore reçu de culture, et dans lesquelles ces terres souvent submergées et marécageuses ou trop arides, n'offrent à la vue que des forêts encore vierges ou des plaines immenses aussi désertes qu'improductives.

CHAPITRE II.

DES DIFFÉRENTES MATIÈRES QUI COMPOSENT LA CROUTE DE LA TERRE.

Dans notre description, si nous entrons dans des détails plus circonstanciés, nous voyons que la première couche qui enveloppe le globe est partout d'une même substance : cette substance, c'est la terre limoneuse, dans laquelle croissent et vivent les plantes avec lesquelles se nourrissent les animaux. Cette terre n'est elle-même que le produit des débris des matières animales et végétales décomposées et accumulées depuis des milliers d'années. Si nous descendons dans les couches inférieures, nous trouvons la terre primitive, des couches de sable et d'argile, des pierres calcaires et des marbres, des grès, des craies et des plâtres, nous remarquons que ces différentes couches sont toujours parallèlement disposées, et placées les unes sur les autres, et que chaque couche a la même épaisseur dans toute son étendue. Nous voyons que dans les collines voisines les mêmes matières se trouvent au même niveau, bien que ces collines soient séparées par des intervalles profonds. Nous observons que dans les lits de terre et dans toutes les couches plus solides, comme dans les carrières de marbre qui sont des pierres calcaires, et même quelquefois dans les rochers; il existe des fentes perpendiculaires à l'horizon, et que dans les plus grandes comme dans les plus petites profondeurs, c'est une règle que la nature suit invariablement. Nous voyons que dans l'intérieur de la terre, sur la cîme des montagnes et dans les lieux les plus éloignés des mers, l'on trouve des coquilles de mollusques, et des squelettes de poissons, ainsi que des plantes marines, entièrement semblables aux espèces et aux variétés qui existent actuellement dans les mers. Nous remarquons que ces coquilles pétrifiées sont en prodigieuse quantité, que l'on en trouve dans beaucoup d'endroits, où elles sont incorporées dans les marbres et dans les pierres calcaires, et que toutes sont remplies de la matière qui les environne.

Si nous remontons aux temps anciens, nous voyons que les changements qui se sont opérés sur la terre depuis les temps historiques sont fort peu considérables, en comparaison des révolutions qui ont dû avoir lieu dans ces premiers temps, et qu'il est facile de démontrer que toutes les matières terrestres n'ont acquis de la solidité que par l'action continuée de la gravité et des autres forces qui réunissent les molécules de la matière, que la surface du globe devait dans l'origine être beaucoup moins solide, qu'elle ne l'est devenue depuis, et que par conséquent, les causes qui ne produisent de nos jours que des changements presque insensibles dans l'espace de plusieurs siècles, devaient alors causer de grandes révolutions en peu d'années. Il paraît certain que la terre actuelle, où se sont établies et multipliées les nations, a été autrefois sous les eaux de la mer, et que ces eaux recouvraient les hautes montagnes; par la raison que l'on trouve sur les sommets de quelques-unes d'elles des productions marines, et des coquilles dont la similitude est parfaite avec celles que l'on trouve dans les mers actuelles. Il est aussi bien évident que les mers ont séjourné longtemps sur la terre, puisque l'on trouve des bancs de coquillages si prodigieux et si étendus, qu'il n'est pas possible qu'une quantité aussi considérable de débris des mollusques qui les produisent, se soit amassée en peu de temps, et que cela n'a pu avoir lieu que par une longue suite de générations de ces animaux marins.

Les couches des différentes matières qui composent la croûte de la terre, étant, comme nous l'avons remarqué, toujours posées parallèlement et de niveau, il est clair que cette position est l'ouvrage des eaux, qui ont amassé et accumulé peu à peu ces matières, et leur ont donné la même situation que l'eau prend toujours elle-même, c'est-à-dire la situation horizontale, que nous observons partout. Dans les plaines ces couches sont toujours de niveau ; il n'y a que dans les montagnes qu'elles sont plus ou moins inclinées, comme ayant été formées par des sédiments déposés sur une base oblique. Nous voyons que ces couches ont été formées peu à peu, parce qu'elles sont toujours placées les unes sur les autres, dans l'ordre de leur pesanteur, et si quelquefois cet ordre n'existe pas, si des matières pesantes sont sur des matières légères, c'est par quelque mouvement violent, quelque convulsion, qui ont pu être l'effet d'éruptions volcaniques, et ont ainsi troublé l'ordre des éléments qui sont la base des montagnes et des collines.

Nous devons ajouter à ce que nous venons de dire, sur la formation par le sédiment des eaux, que toutes les autres causes de révolutions et de changements arrivés sur le globe n'ont pu produire les mêmes effets. Les montagnes les plus élevées sont souvent composées de couches parallèles, de même que les plaines les plus basses, et par conséquent l'on ne peut attribuer l'origine et la formation de ces montagnes à des secousses de tremblement de terre, ni aux effets d'éruptions volcaniques. Nous avons des preuves que s'il se forme quelquefois de petites éminences, par des mouvements convulsifs de la terre, ces éminences ne sont pas composées de couches parallèles, que les matières de ces éminences n'ont intérieurement aucune liaison, aucune position régulière, et qu'enfin ces collines formées par des volcans ne présentent aux yeux que des matières soulevées confusément et sans aucun ordre. Cette disposition de la terre nous la rencontrons partout, cette situation horizontale et parallèle des couches de matières ne peut provenir que d'une cause constante et d'un mouvement réglé, c'est-à-dire du mouvement des mers.

La plupart des collines et des montagnes, dont le sommet est de rochers, de pierres ou de marbres, ont pour base des matières plus légères ; ces matières sont ordinairement des monticules de glaise ferme et solide, ou des couches de sable que l'on trouve dans les plaines voisines : cela vient de ce que l'eau a d'abord transporté dans ces lieux la glaise ou le sable de la première couche des côtes ou du fond des mers, et ces sédiments ont produit au bas une éminence composée de tout ce sable et de toute cette glaise ; après cela les matières plus fermes et plus pesantes, qui se sont trouvées au dessous, auront été attaquées, dissoutes et transportées par les eaux en molécules impalpables au-dessus de cette éminence, et ces matières auront formé les carrières que nous trouvons au dessous et dans les collines.

CHAPITRE III.

DES TREMBLEMENTS DE TERRE.

Dans tous les temps et à toutes les époques, la terre, comme toutes les nations, comme tous les êtres animés, paraît avoir eu ses moments de malaise et ses convulsions; il existe dans toutes les parties du monde des restes de ces souvenirs affligeants, l'on voit des masses de granit, des morceaux de marbre et d'autres pierres calcaires, délités et dressés sur leurs bases, et dont la position atteste encore les efforts, les mouvements violents et manifestes qui ont eu lieu dans les différentes parties du globe que nous habitons.

Les tremblements de terre paraissent devoir être attribués à deux causes : à l'affaissement spontané des cavités de la terre, et à l'action plus fréquente des feux souterrains. Dès qu'une caverne s'affaisse dans la terre, elle produit par sa chute une commotion, qui a du retentissement à une distance plus ou moins considérable, selon la quantité de mouvements que donne la chute de cette masse de terre ; si le volume n'en est pas très-grand et ne tombe pas de bien haut, la chute de cette masse ne produira pas une secousse assez violente, pour qu'elle se fasse sentir à de grandes distances : l'effet en est donc borné aux environs de la caverne affaissée ; et si le mouvement s'étend plus au loin, ce ne peut être que par de légères trépidations et de faibles ondulations. Les tremblements de terre causés par des feux souterrains, précèdent quelquefois les éruptions volcaniques, d'autres fois ils cessent avec elles, souvent aussi ils continuent par des intervalles, pendant tout le temps que durent les éruptions; mais il y a fréquemment des tremblements de terre sans aucune manifestation d'éruptions volcaniques.

L'on a vu à la suite de ces mouvements convulsifs de la terre, se produire des éminences ; mais il arrive plus communément qu'il se produit des éboulements, des dépressions, des gouffres et des cavités profondes. Des voyageurs ont rapporté que pendant le mois d'octobre de l'année 1773, à la suite d'une de ces commotions violentes, il s'était ouvert un gouffre dans le voisinage du bourg d'Induno dans l'Etat de Modène, et que cette cavité n'avait pas moins de deux cents brasses de long, sur cent quatre-vingts de large et sur près de deux cents de profondeur. D'autres voyageurs qui ont exploré l'Islande, ont relaté que dans la partie septentrionale de cette île, une montagne d'une hauteur considérable s'enfonça pendant la nuit à la suite d'un tremblement de terre, qu'un lac très-profond fut trouvé à la place de cette montagne, et que pendant la même nuit, un ancien lac situé à une lieue et demi de là fut entièrement desséché, comblé, et que sur une partie de son fond, il s'éleva un monticule que l'on voit encore de nos jours.

Il y a eu des tremblements de terre qui se sont fait sentir à des distances considérables : l'un d'eux, qui eut lieu au Canada vers le milieu du dix-septième siècle, eut du retentissement sur une surface de près de 20,000 lieues carrées. Il y a d'autres tremblements de terre qui ne causent que de faibles secousses et qui ont cependant un grand effet dans les mers, à la suite d'un de ces événements qui eut lieu au cap de Bonne-Espérance; la mer monta et descendit sept fois de suite avec une telle vitesse que d'un moment à l'autre le rivage était couvert et découvert par les eaux.

Nous pouvons ajouter au sujet des tremblements de terre par l'affaissement des cavernes, quelques faits bien constatés. En Norwége, le promontoire de Hammers-fields s'écroula, fut couvert par les eaux de la mer en quelques jours et disparut. En Amérique, une montagne près du Chimboraço, l'une des plus élevées des Cordillières, s'écroula aussi presque subitement, et l'on ne trouva plus à sa place qu'une profonde cavité.

Le 11 janvier 1839, il y eut à la Martinique un tremblement de terre, dont nous avons été témoin, pendant lequel on ressentit des mouvements de trépidation et des ondulations; il dura environ trente secondes, renversa les deux tiers de la ville de Fort-de-France et fit périr plus de mille personnes qui furent ensevelies sous les ruines de cette ville.

Le 8 février 1843, il y eut un autre tremblement de terre à la Guadeloupe qui renversa la ville de la Pointe-à-Pitre à la suite duquel un incendie détruisit complétement cette ville et fit périr environ 5,000 personnes ; ce tremblement de terre se fit encore sentir à la Martinique qui en est à trente lieues, la mer haussa et baissa quatre fois de demi-heure en demi-heure. Ces événements trop fréquents aux Antilles sont quelquefois la cause de grands désastres, la ruine et la destruction des habitations et même des villes.

CHAPITRE IV.

DES VOLCANS EN ACTIVITÉ.

C'est dans les montagnes, qui renferment dans leur sein des soufres, des bitumes et d'autres matières, qui peuvent servir d'aliments à des feux souterrains, que se trouvent les foyers des volcans en activité. La bouche d'un volcan est quelquefois très-étendue ; l'on a vu des cratères qui n'avaient pas moins d'une demi-lieue de circuit: c'est par cette immense ouverture que se projettent les éjections de laves et de métal fondu, les nuées de cendres et de pierres, les quartiers de roches qu'elle lance quelquefois à des distances considérables ; l'embrasement en est si terrible et la quantité des matières ardentes, fondues et calcinées, que la montagne rejette, est si abondante, qu'elle en recouvre les villes et les campagnes, d'une épaisseur de cinquante et même de cent mètres, et dont elle forme quelquefois des collines et des montagnes nouvelles ; l'action de leur feu est si violente, la force et l'explosion si impétueuses, qu'elles produisent des secousses assez fortes pour ébranler et faire trembler la terre, agiter les mers, renverser et détruire des villes, à des distances considérables.

Quoique naturels, ces effets ont été considérés par quelques auteurs, comme les soupiraux d'un feu central, et par les peuples de l'antiquité, comme les bouches de l'enfer : l'étonnement a produit la crainte, et la crainte a fait naître la superstition. Dans l'Islande, les habitants croient que les vagissements de l'Hécla sont les cris des damnés, et que les éruptions de ce volcan sont les effets de la fureur et du désespoir de ces malheureux. Cela n'est cependant que le bruit du feu, de la fumée et des explosions. Il se trouve dans une montagne des veines de soufre, et d'autres matières inflammables; il s'y trouve en même temps des minéraux, des pyrites, qui peuvent fermenter toutes les fois qu'ils sont exposés à l'air et à l'humidité, et s'il s'en trouve en assez grande quantité, le feu prend et cause une explosion proportionnée à la masse des matières enflammées.

Il existe en Europe trois volcans fameux, le mont Etna en Sicile, le mont Hécla en Islande, et le mont Vésuve près de Naples. Le mont Etna brûle depuis un temps immémorial; ses éruptions sont si violentes et les matières qu'il rejette, si abondantes, qu'elles recouvrent quelquefois d'une grande épaisseur de laves les campagnes des environs jusqu'à quinze et vingt lieues de distance. En 1537 il y eut une éruption de l'Etna, qui causa un tremblement de terre dans toute la Sicile, et qui renversa un grand nombre de maisons : cette éruption ne cessa que par l'ouverture d'un nouveau cratère, qui brûla tout jusqu'à cinq lieues aux environs de la montagne. Ce volcan a maintenant deux cratères principaux, ses deux bouches fument sans cesse, mais l'on n'y voit jamais de feu que dans le temps des éruptions. En 1683, la ville de Catane fut entièrement détruite par une autre éruption de ce volcan, qui causa un tremblement de terre et fit périr dans cette ville et dans les campagnes voisines plus de soixante mille personnes.

En Islande, le mont Hécla lance ses feux à travers les glaces et la neige ; ses éruptions ne sont pas moins violentes que celles de l'Etna et des autres volcans des pays méridionaux ; il projette au loin des masses de soufre, de cendres, de pierres-ponces et de vapeurs en si grande quantité, que les environs de ce volcan sont inhabitables jusqu'à six lieues de distance. L'île recèle des quantités considérables de soufre.

Les premières éruptions du mont Vésuve ne sont pas aussi anciennes que celles de l'Etna : c'est au temps du consulat de Tite-Vespasien et Flavius-Domitien que le sommet de ce volcan s'est ouvert. Cette éruption fut si violente et projeta une si grande quantité de matières enflammées, qu'elles incendièrent deux villes voisines. (C'est pendant cette éruption que Pline le Naturaliste, qui voulut l'observer de trop près, périt victime de son imprudence.) L'une des deux villes qui furent détruites, pendant cette première éruption du Vésuve, fut celle d'Héraclée que l'on a retrouvée à vingt mètres de profondeur, et dont l'emplacement était depuis longtemps une terre cultivée. Une des plus violentes éruptions du Vésuve fut celle de 1737. L'on rapporte que cette montagne vomissait par plusieurs cratères, des torrents de laves et de matières fondues, qui se répandaient dans la campagne et allaient comme les eaux d'un fleuve se jeter dans la mer.

En Asie il y a plusieurs volcans : l'un des plus fameux est le mont Albours près du mont Taurus. Son sommet fume constamment, et jette fréquemment des matières volcaniques en si grande abondance, que toute la campagne aux environs en est couverte. Il y a aussi un volcan dans l'île de Ternate; il s'en trouve quelques autres dans les Moluques et aux Philippines. Dans l'Océan indien l'on trouve ceux de Java et de Gounapi; il en existe d'autres, mais qui sont moins connus, tels que celui de Sumatra dans les Indes et ceux de Jenisca et de Pesida dans le nord de l'Asie.

En Afrique il y avait autrefois la montagne de Beniguezeval, près de Fez, qui fumait sans cesse et jetait quelquefois des flammes. L'une des îles du Cap-Vert, connue sous le nom de Fogo, avait aussi un volcan ; dans l'île de Ténériffe, il y avait le pic de ce nom qui projetait au loin de grandes quantités de cendres : du sommet de cette montagne coulaient des ruisseaux de soufre fondu, dont on voyait au loin, dans la neige, les sinuosités colorées. Mais depuis longtemps déjà, les feux de ces montagnes volcaniques paraissent éteints, et il n'est pas à craindre que l'on ait de nouvelles éruptions.

Il y a un grand nombre de volcans en Amérique ; nous citerons seulement les plus fameux, tels que ceux d'Aréquipa, de Carapa et de Malaballo dans les montagnes du Pérou et du Mexique. Ces volcans sont la cause de fréquents tremblements de terre. Celui du Coto-Paxi dans une éruption qui eut lieu en 1742, fit fondre les neiges de cette montagne qui produisirent une si grande quantité d'eau, qu'en moins de trois heures elle inonda tout le pays sur une étendue de dix-huit lieues. Il y a encore au Mexique le Popocampéche et le Popocatépetl ; ce fut près de ce dernier volcan que Cortez passa pour aller à Mexico. Il y eut des Espagnols qui montèrent jusqu'au sommet où ils virent un cratère qui n'avait pas moins d'une demi-lieue de tour. A la Guadeloupe il y a la soufrière qui fume constamment.

Dans les Cordillières des Andes, les volcans sont encore en plus grand nombre, et y causent aussi de fréquents tremblements de terre qui rendent les constructions en pierres à peu près impossibles. Dans ces montagnes sont de nombreux précipices aux larges et profondes ouvertures, dont les parois sont noires et brûlées : ces précipices, ces abîmes sont les restes des anciens cratères de volcans éteints.

En 1746, il y eut un tremblement de terre au Pérou dont les effets furent si terribles que la ville de Lima fut presque entièrement détruite et qu'une partie de la population fut ensevelie sous les ruines de cette ville. Mais il y eut encore un plus grand désastre dans la ville de Callao à peu de distance de Lima : la mer couvrit de ses eaux les édifices de cette ville et en fit périr tous les habitants. De vingt-cinq vaisseaux qui se trouvaient dans le port, quatre de ces navires furent transportés à une lieue dans les terres, les autres furent engloutis.

CHAPITRE V.

DES VOLCANS ÉTEINTS.

L'on sait qu'il y a un bien plus grand nombre de volcans éteints que de volcans en activité, et l'on peut même s'assurer qu'il en existe dans toutes les parties de la terre. Dans l'origine, il existait dans les parties superficielles de la terre, une très-grande quantité de matières combustibles et de minéraux susceptibles de fermentation ; or, dans les premiers temps, la terre avait une température beaucoup plus élevée que celle qu'elle a de nos jours, les matières fermentescibles, qu'elle renfermait dans son sein, ont dû s'enflammer très-souvent et produire de toutes parts des éjections volcaniques, dont nous retrouvons encore les restes dans toutes les hautes montagnes de la terre.

En Europe aussi bien que dans les autres parties du monde, les restes de ces volcans éteints sont très-communs. En France il existe des basaltes dans les environs du Puy-de-Dôme et du Mont-d'Or en Auvergne, et le volcan de Volvic, près de Riom, a formé par ses laves différents lits qui semblent indiquer autant d'éruptions et qui forment ainsi des masses énormes, dans lesquelles il y a des carrières qui fournissent la pierre nécessaire aux constructions des lieux environnants. A Moulins l'on a aussi reconnu des laves, et il existe des montagnes, qui ne sont que des masses de matières provenant d'éruptions volcaniques. La montagne du Puy-de-Dôme n'est qu'une masse de matières, qui annonce les effets les plus terribles du feu le plus violent, il y a des endroits stériles qui sont entièrement couverts de pierres-ponces, de laves et de cendres. Le sommet du pic du Mont-d'Or est un rocher d'une pierre blanche en tout semblable à celle des montagnes qui proviennent des terres volcanisées. La pointe du Mont-d'Or, de même que celles du volcan de Volvic et du Puy-de-Dôme sont des cônes abrupts et très-pittoresques. Près du Mont-d'Or est le pic du Capucin qui présente aussi tous les caractères d'un volcan éteint. Il se trouve encore des restes de volcans, dans les environs de Montpellier ; il y a aussi les pics de Valros et de Montredon qui sont d'anciens volcans. Dans le territoire de Tourbes est celui de Sainte-Marthe, près de l'ancien prieuré de Cassan. Dans tous ces endroits il y a beaucoup de laves, de pierres-ponces, et l'on cite des villes qui sont pavées en entier de cette lave. Le rocher d'Agde n'est autre chose que de la lave très-dure, et toute cette ville est bâtie et pavée de laves. Tout le territoire de Gabian, où existait une source fameuse de pétrole, est couvert de laves et de pierres-ponces.

Au Causse de Bassan et de Saint-Tibéri, il y a une quantité considérable de basaltes, près d'une montagne dans laquelle les restes d'un volcan sont très-reconnaissables. En général, les matières provenant d'éjections volcaniques contiennent des parties métalliques qui leur donnent une grande dûreté.

A environ deux lieues de Naples, se trouve la Solfatarre dont la hauteur est telle qu'il faut une demi-heure pour la gravir : au pied de cette montagne existe un bassin d'environ quatre cents mètres de long sur deux cents de large ; la terre qui forme le fond de ce bassin, est un sable très-fin, le terrain en est sec et aride, les plantes n'y croissent point, la surface de ce bassin est recouverte d'une quantité considérable de soufre et de sel ammoniac. Le bassin de la Solfatarre a souvent changé de forme : de là on peut conjecturer qu'il en prendra encore de nouvelles. Le terrain qui forme le fond de ce bassin se mine chaque jour, et dès à présent c'est une voûte qui recèle un abîme, et lorsque cette voûte s'affaissera, cet abîme deviendra le réservoir naturel d'une partie des eaux qui descendent de la montagne.

Il existe un grand nombre de volcans éteints dans les Cordillières à Saint-Domingue, il s'en trouve aussi en Asie et en Afrique, mais nous nous bornerons seulement à donner quelques détails sur ceux de l'île de France et de l'île Bourbon qui ont été plus facilement et mieux explorées que les autres. Le territoire ou plutôt le sol de l'île de France est couvert de pierres noires et cendrées dont une grande partie est criblée de trous et contient une certaine quantité de fer, ce qui s'explique par l'abondance des mines de ce métal, qui se trouve dans cette île ; il y a aussi dans ce terrain beaucoup de pierres-ponces, sur la côte nord de l'île, il existe des grottes profondes et des laves, qui attestent les restes de volcans éteints.

L'île Bourbon, quoique plus grande que l'île de France, n'est qu'une montagne fendue dans toute sa hauteur, et dans trois endroits différents, les sommets de cette montagne ainsi divisée sont inhabitables et couverts de bois, les pentes qui s'étendent jusqu'à la mer sont cultivées, le reste est couvert de laves d'un volcan qui brûle encore lentement et sans bruit, mais sans manifester au dehors ni feu ni fumée.

Il existe encore un de ces volcans dans l'île de l'Ascension. Cette île, dans laquelle se trouvent plusieurs montagnes de formes coniques assez élevées et parmi lesquelles il en existe une qui paraît avoir une hauteur double des autres, et dont le sommet est double et allongé, ces montagnes pour la plupart sont recouvertes d'une terre rouge, et d'une quantité prodigieuse de roches criblées de trous, de pierres calcaires fort légères, dont une partie ressemble à du laitier; il y a aussi dans ses montagnes beaucoup de pierres-ponces.

Le célèbre Cook a rapporté que dans une excursion que l'on fit dans l'intérieur de l'île d'Otahiti, l'on trouva que les rochers avaient été brûlés comme ceux de Madère, et que toutes les pierres portaient des marques incontestables du feu, que l'on voyait aussi des traces du feu dans l'argile des collines, ce qui a dû faire supposer qu'Otahiti et plusieurs îles voisines ne sont probablement que les restes d'un continent, qui a dû être submergé par l'effet de l'explosion d'un feu souterrain, et peut-être aussi par l'affaissement d'un ou de plusieurs grandes cavernes souterraines, comme il en existait dans les premiers temps. D'autres voyageurs ont assuré qu'une de ces îles d'une hauteur prodigieuse et dont le sommet est en forme d'entonnoir donnait encore de la fumée.

Enfin l'on trouve des basaltes à l'île de France, à l'île Bourbon et à Madagascar, dans lesquelles il y a des volcans éteints. Il s'en trouve également dans beaucoup de parties de l'Europe; il y en a des masses considérables en Irlande, en Angleterre, en Auvergne, en Saxe sur les bords de l'Elbe, en Misnie, sur la montagne de Cottener à Marienbourg; il en existe aussi à Weilbourg dans le comté de Nassau, à Lauterbach, à

Billstein, dans plusieurs endroits de la Hesse, dans la Lusace et dans la Bohème. Ces basaltes sont les plus belles laves qu'aient produites les volcans actuellement éteints dans ces contrées.

Les eaux thermales, ainsi que les sources de pétrole, des autres bitumes et des huiles terrestres, doivent être considérées comme provenant de l'action du feu des volcans en activité. En effet, lorsque des feux souterrains se trouvent dans le voisinage de quelques mines de houille, ou dans ceux des anciennes forêts de sapins, ils mettent en distillation les huiles de houille et les résines provenant de la décomposition des pins et des sapins, et donnent ainsi lieu à ces différentes productions. Mais ces feux souterrains brûlent paisiblement de nos jours et l'on ne reconnaît plus les anciennes explosions des volcans, que par les matières qu'ils ont autrefois rejetées; ils ont cessé d'agir lorsque les mers se sont éloignées de leurs foyers ; nous n'avons donc plus à craindre le retour de ces funestes explosions, et il y a maintenant tout lieu de penser que les mers s'éloigneront toujours de plus en plus de ces foyers éteints, et que leurs communications avec les matières fermentescibles des montagnes étant devenues impossibles, ces foyers ne se rallumeront pas et qu'il n'y aura plus d'éruptions volcaniques dans ces volcans éteints.

CHAPITRE VI.

DE LA CHALEUR DE LA TERRE.

Il existe une erreur commune à presque tout le monde, c'est de croire que la chaleur que nous ressentons extérieurement nous vient du soleil. La vérité est que cette chaleur est propre à la terre, qui est un corps lumineux par lui-même, que sa lumière a son origine dans la chaleur et l'électricité, desquelles le globe terrestre tire ses propriétés vitales. En effet, la chaleur dont la terre est douée, subit vraisemblablement la loi générale d'attraction universelle, et la lumière qui nous éclaire est due à l'action du soleil, qui condense les molécules lumineuses et calorifiques qui rayonnent du centre de la terre, et qui, selon toutes les probabilités, forment ces courants que nous voyons sous la forme de rayons, et que nous devons considérer comme des fleuves de feu, qui ont leurs embouchures dans le soleil, comme les fleuves de la terre ont les leurs dans les mers (1).

Ces rayons bienfaisants qui sont notre vie, celle

(1) La chaleur que le soleil s'incorpore est très-probablement contenue dans l'immensité de son atmosphère, dans laquelle elle est tenue en équilibre par la chaleur intérieure de ce grand corps céleste.

des animaux et des plantes de toute la terre, se réfléchissent dans la lune et dans d'autres corps célestes encore, mais sans y répandre aucune chaleur, aucun principe de vitalité. La chaleur du soleil ne peut donc se faire sentir par expansion à de grandes distances, comme on le croit généralement. Le froid excessif qui règne dans les régions éthérées, est une cause constante de répulsion pour la chaleur et concourt aussi, avec la puissante action du soleil, à la condensation de tous les fluides calorifiques qui rayonnent du sein de la terre (1).

Si nous descendons dans les cavités, dans les profondeurs de la terre, ou bien si nous nous élevons sur le sommet des hautes montagnes, que les convulsions géologiques des premiers temps de la nature ont fait surgir du sein de la terre, nous pouvons encore nous convaincre que le globe terrestre est composé presque en totalité de matières ignées, dont une

(1) Les grands froids sont bien une cause de répulsion pour les fluides calorifiques : nous pouvons nous convaincre de ce fait; lorsque, pendant l'hiver, nous faisons du feu dans un milieu très-peu chauffé, le feu, plus ardent que par un temps doux, consume très-activement le bois dont on charge le foyer, ce qui indique la concentration du feu par l'air ambiant, et par conséquent la répulsion de la chaleur par le froid. Mais, dira-t-on, les matières très-chaudes, comme le fer fondu par exemple, se refroidissent à l'air libre en assez peu de temps. A cela nous répondrons que le froid de la terre n'est jamais absolu ; que l'air contient toujours une quantité plus ou moins considérable de chaleur, que cette chaleur répandue dans l'atmosphère a une certaine affinité pour les autres fluides calorifiques, et que la chaleur des matières fondues tend toujours à s'équilibrer avec celle du milieu dans lequel on les a déposées.

partie relativement très-minime s'est consolidée par le refroidissement. Mais il existe encore une quantité très-considérable de ces matières à l'état de fusion constante et d'incandescence, ce qui donne à notre globle la chaleur nécessaire pour y entretenir la nature vivante, et faire croître les plantes dont se nourrissent tous les animaux qui existent sur la terre.

C'est cette même chaleur de la terre qui pendant l'été s'accumule dans l'atmosphère et dans les nuages, cause les malaises que nous éprouvons pendant les temps chauds, ainsi que les orages pendant lesquels nous voyons les nuées chargées d'électricité, détonner, nous éclairer de leur courants et quelquefois la foudre tomber sur les arbres, sur les édifices et même sur les voyageurs et les personnes qui se trouvent dans la campagne, qui ont eu l'imprudence de se mettre à l'abri sous des arbres élevés tels que les chênes, les peupliers, les pins et les sapins.

Pour nous résumer, nous ferons observer encore, en quelques mots, que la terre est une véritable source de chaleur, et que le soleil doit être considéré seulement comme le réservoir commun de tous les fluides lumineux et calorifiques, qui émanent des foyers de la terre, que cette chaleur notre globe la perd petit à petit, chaque jour, et que dans un certain temps fort éloigné sans doute, cette chaleur sera épuisée, et qu'alors toute vie s'éteindra, la terre, comme la lune et d'autres corps planétaires, cessera de produire, et qu'à sa nature organisée, à sa puissante fécondité, succédera la plus complète inertie, la plus complète insensibilité de la matière.

CHAPITRE VII.

DES VENTS.

Il est peut-être assez difficile d'expliquer la cause des vents. Cependant l'on peut avec quelque raison l'attribuer à la raréfaction de l'air, à la condensation de ses couches supérieures et par conséquent à la pression atmosphérique. Mais il existe une cause constante du déplacement de la masse de l'air, c'est le mouvement de la terre d'Occident en Orient. Une preuve de ce fait, c'est que dans les régions intertropicales les vents alisés, qui sont des vents généraux, qui soufflent du Nord-Est au Sud-Est, y règnent pendant neuf mois de l'année, c'est-à-dire depuis la fin d'octobre jusqu'au mois de juillet (1).

Les vents alisés sont donc probablement la cause de tous les autres vents. En effet, ils vont frapper sur les plans obliques des monts de la lune, des monts Lupata en Afrique, et des Andes en Amérique, qui

(1) Ces vents y régneraient probablement toute l'année, si ce n'était l'approche de la canicule, qui fait succéder aux vents alisés, les vents du sud et de l'ouest, les calmes, les chaleurs excessives, les coups de vents dévasteurs; enfin qui cause dans ces régions des perturbations atmosphériques déplorables, qui sont peut-être une des causes les plus puissantes des maladies qui affligent les habitants de ces contrées lointaines et surtout les étrangers qui séjournent pendant quelque temps dans ces climats destructeurs.

nous les renvoient modifiés et augmentés selon la pression atmosphérique, par toutes les montagnes, tous les accidents de terrains un peu considérables qui leur font obstacle.

Deux autres causes de la variation des vents sont le mouvement annuel de rotation de la terre et l'attraction solaire. Ce qui pourrait prouver que notre opinion à cet égard est fondée, c'est que sur mer, dans les climats tempérés, les vents font ordinairement le tour de l'horizon en quelques jours. Ils passent du Sud au Nord par l'Ouest et continent leur variabilité par l'Est. L'on peut donc conjecturer de cet ordre de choses, que si la terre était plane l'on aurait les mêmes vents variables sur terre que sur mer, et que ce qui fait que certains airs de vent règnent pendant quelque temps, ce sont les chaînes de montagnes, les collines, les forêts et les bois qui les arrêtent, et modifient ainsi leur marche régulière.

Un milieu plus humide donne aussi plus d'élasticité, plus de ressort à l'air, et par conséquent peut augmenter considérablement la force du vent. C'est pour cela que pendant l'hiver nous avons de ces vents violents et tempétueux qui sont la cause de tant de sinistres sur les mers, qui causent tant de dommages et font tant de victimes.

Les vents comme les autres éléments, ont aussi

leurs luttes et leurs combats. Il arrive quelquefois que deux vents violents opposés se rencontrent, alors il en résulte une trombe qui désemparc les navires, déracine et renverse les arbres, enlève les moissons dans les champs et les transporte au loin, ou bien donne lieu à une saute de vent, tout aussi inquiétante pour les navigateurs, et tout aussi dommageable dans les biens de la terre.

CHAPITRE VIII.

DES VAPEURS ATMOSPHÉRIQUES, DE LA PLUIE ET DE LA GRÊLE.

Lorsque dans les beaux jours d'été, nous nous élevons sur la cîme des montagnes pour jouir d'une vue plus étendue, et contempler les sites pittoresques de la nature, nous sommes quelquefois merveilleusement ravis de voir au-dessus de la splendide végétation, les nuages aux reflets dorés un peu au-dessous de notre nouvel horizon. Eh bien! nous savons que ces nuages plus ou moins élevés ne sont autre chose que des vapeurs d'eau, tenues en équilibre dans l'atmosphère par la chaleur, et que ces vapeurs restent dans cet état autant que la température de leur milieu le permet. C'est l'air froid des régions supérieures et les vents qui refroidissent et condensent les molécules aqueuses de ces nuages qui s'unissent entre elles, et alors elles tombent par l'effet de leur propre poids en pluie sur la terre. Il arrive cependant que quelquefois en été, il tombe des averses par un temps très-calme, et sans que la température ait été refroidie. Dans cette saison il faut attribuer la condensation des vapeurs atmosphériques à l'action que le soleil exerce sur elles; il attire l'air chaud, qui les tient en équilibre, et la pluie tombe en grosses gouttes pendant quelques minutes, ce qui suffit, pour rafraîchir l'air, et donner aux plantes un aliment nécessaire à leur accroissement. Pendant les temps orageux, les courants électriques produisent des effets semblables. Mais c'est une erreur de croire que la grêle est due aux seuls effets des courants électriques; il faut l'attribuer aux vents violents et tempétueux, qui résultent de la condensation par le refroidissement des couches des régions supérieures de l'atmosphère et à certains courants obliques, à leur compression sur d'épaisses nuées, dont le poids considérable comprime la masse inférieure de l'air. C'est alors que ces vents violents auxquels il faut une issue, frappent les nuées de leurs courants multipliés, soutirent l'électricité et la chaleur qu'elles contiennent, font le vide dans ces nuages encore vaporisés, condensent leurs molécules aqueuses, qui se précipitent les unes sur les autres par l'effet de l'attraction moléculaire, les glacent, et la grêle tombe avec fracas sur la terre, détruit en quelques minutes nos récoltes et dévaste nos campagnes (1).

(1) Nous donnons ici la description d'un paragrêle, que nous devons aux Américains aussi bien que le paratonnerre. Ce paragrêle est formé d'une perche, armée à son extrémité supérieure d'une verge en laiton ; à cette verge est attachée une corde de paille de froment ou de seigle coupé dans sa parfaite maturité, de quinze lignes au moins de diamètre, renfermant dans son centre un cordon de lin écru, de douze à quinze fils environ ;

Pendant l'hiver, au mois de mars surtout et lorsque les vents du Nord et du Nord-Ouest règnent, ces vents dont les courants vont obliquement de haut en bas et font de grands bruits dans nos cheminées, ces vents, disons-nous, traversent les nuages, les congèlent et alors il tombe des averses de grêles que nous appelons vulgairement giboulées de mars, mais qui seulement prolongent l'hiver sans nous faire aucun mal.

cette corde est tournée autour de la perche et pénètre avec elle dans la terre. On doit placer les paragrêles sur les points les plus élevés, sur le sommet des arbres, sur les collines et sur les maisons. Placés sur les maisons, ils peuvent encore servir de paratonnerre et les préserver de la foudre.

CHAPITRE IX.

DES MONTAGNES DE LA TERRE.

Lorsque le chaos existait et avant que la lumière se fit, la terre avait une chaleur beaucoup plus considérable que celle qu'elle a eue depuis ; les matières dont elle se compose, ainsi que les eaux, ont dû rester longtemps à l'état de fusion et de fluidité sublimées et vaporisées dans l'atmosphère. Elle était donc considérablement dilatée et beaucoup plus volumineuse qu'elle ne l'a été après son refroidissement.

Dès que la terre eut pris sa consistance, les parties de sa matière les plus simples, les plus difficilement fusibles, tels que les quartz et les jaspes, se sont d'abord consolidés et ont formé par le retrait et la condensation de ces éléments, les premières et les plus hautes montagnes, dont la base est la roche intérieure du globe. Il existait dans la croûte extérieure de la terre, de larges et profondes cavités dont les voûtes, par la suite des temps, se sont minées et affaissées, et ont accru les profondeurs et par conséquent les éminences qui existaient déjà par suite du premier refroidissement. Pendant ces premiers temps il y eut aussi de fréquentes convulsions géologiques et des éruptions volcaniques sur divers points de ces montagnes, qui en soulevèrent les sommets et contribuèrent aussi à leur donner une plus grande élévation. L'on vit alors se produire des montagnes coniques et des pics. Une preuve de ce fait, c'est que l'on voit encore sur les sommets de ces montagnes des masses de granit dressées perpendiculairement à leur base ou quelquefois plus ou moins inclinées seulement. Le sommet de ces hautes montagnes, qui du reste est presque toujours couvert de neige, est complétement abrupt et dénudé.

Lorsque la température de la terre eut permis aux eaux de séjourner à sa surface sans se vaporiser, elles couvrirent à peu près toute la terre, et le mouvement du flux et du reflux commença à donner lieu aux courants qui ont avec le temps changé la disposition et la forme des montagnes et des vallées primitives. Ces mouvements ont formé des collines dans les vallées, et ont recouvert et environné de nouvelles couches de terres, le pied et les croupes de ces montagnes; les courants ont creusé des sillons et des vallons dont les angles se correspondent. C'est à ces deux causes, dont l'une est bien plus ancienne que l'autre, que nous devons attribuer la forme extérieure de la terre. Lorsque ensuite les mers se sont abaissées par suite de l'enfoncement des cavités, dont nous avons déjà parlé;

elles ont produit des escarpements du côté de l'Occident où elles s'écoulaient le plus rapidement, et elles ont laissé des pentes douces du côté de l'Orient.

C'est donc par le sédiment des eaux de la mer que les éminences ont été formées ; elles ont une structure bien différente de celles qui doivent leur origine au feu primitif. Les premières sont toutes formées par couches horizontales et contiennent une infinité de productions marines ; les autres, au contraire, ont une structure moins régulière et ne renferment aucune production de la mer. Ces montagnes de première et de seconde formation n'ont rien de commun que les fentes perpendiculaires qui se trouvent dans les unes comme dans les autres, lesquelles sont dues à deux causes bien différentes : les matières vitressibles en se refroidissant ont diminué de volume et se sont fendues de distance en distance, et celles qui sont composées de matières calcaires amenées par les eaux, se sont fendues par le dessèchement.

Nous avons observé plusieurs fois sur les collines isolées que le premier effet des pluies est de dépouiller peu à peu leur sommet et d'entraîner les terres qui forment au pied de la colline une zone uniforme et très-épaisse de bonne terre, tandis que le sommet est devenu chauve et dépouillé dans toute son étendue.

C'est là un effet que produisent et doivent produire les pluies.

Il est facile de prouver par les productions marines que nous trouvons dans les chaînes de montagnes, qu'elles ont été autrefois recouvertes jusqu'à une grande hauteur par les eaux de la mer. Le sommet des hautes montagnes est ordinairement de matières vitreuses, c'est-à-dire de quartz, de granit ou de roc, dans les montagnes moins élevées se trouvent des bancs de pierres calcaires dans lesquelles sont incorporées une certaine quantité de coquilles marines. Les montagnes où il y a des pics sont de granit ou de roc, celles dont les sommets sont plats ou seulement ondulés renferment des pierres calcaires, quelquefois des marbres avec ou sans productions marines. La plupart des collines, lorsqu'elles sont de granit ou de grès, sont entrecoupées de pointes, d'éminences, de tertres et de cavités, de profondeurs et de vallons; celles qui sont composées de pierres calcinables sont à peu près égales dans toutes leurs hauteurs, et ne sont interrompues que par des gorges et des vallons.

Les plus hautes montagnes de la terre sont en Asie: l'un des pics de l'Himalaya, au Thibet, n'a pas moins de 7,800 mètres au-dessus du niveau des mers. Dans l'Amérique du Sud et dans les Cordillières des Andes, le Chimborazo a 6,500 mètres, le Nevado de

Sorata 7,700 mètres et le Coto-Paxi 5,900. Les plus hautes montagnes de l'Europe sont, le Mont-Blanc, qui s'élève à 4,800 mètres, le Saint-Gothard, qui a 4,000 mètres, le Saint-Bernard 2,500 mètres, le Mont-Perdu, qui est le pic le plus élevé des Pyrénées, a 3,700 mètres, et le Canigou 2,900, le Mont-Ventoux 2,100, le Mont-D'or et le Cantal en Auvergne ont environ 2,000 mètres.

Les principales montagnes de la Suisse sont généralement plus élevées que les autres montagnes de l'Europe ; mais en général toutes ces hauteurs ne sont pas d'une grande exactitude, le baromètre dans ces climats est sujet à trop de variations pour que l'on puisse compter avec quelque sûreté sur les résultats qu'il donne (1).

(1) Nous croyons que les hauteurs données ci-dessus sont généralement au-dessous de la réalité, et d'autant plus au dessous que les montagnes sont plus éloignées de la mer, et que les plus hautes montagnes de la terre sont probablement dans le Caucase Indien et dans les Monts-Ourals qui sont les plus éloignés de l'Océan.

CHAPITRE X.

DES FLEUVES.

Les fleuves, ces grandes artères des états, sont les principes et les sources de la fécondité des terres de tous les pays : ils ont ordinairement leurs lits et leurs cours dans les parties les plus déclives des bassins qu'ils arrosent, et ces cours et ces lits sont toujours parallèles aux montagnes et aux collines qui forment ces bassins. Ce sont les hautes montagnes, c'est dans leur intérieur que sont les réservoirs et les sources des fleuves et des rivières.

Dans les temps anciens les fleuves et les rivières étaient beaucoup plus considérables qu'ils ne sont de nos jours, les orages et les grandes pluies qui ont lieu tous les ans, ont raviné et fait glisser peu à peu les terres des montagnes et des collines dans les plaines et les bassins de ces grands cours d'eau et en ont par conséquent diminué la largeur et la profondeur. Ces causes ne sont pas les seules qui ont amené ce résultat. A mesure que les montagnes se sont abaissées et que le défrichement des terres a eu lieu, les pluies sont devenues beaucoup moins abondantes et les déboisements ont aussi laissé une plus grande surface, plus de champ et par conséquent plus d'action à l'évaporation.

Mais si les fleuves sont les causes principales de la fécondité des terres, ils sont aussi la cause des désastres qui affligent les habitants des villes et des campagnes. Nous avons eu quelquefois à déplorer des inondations qui ont envahi les parties basses des villes et des villages, inondé et ensablé les terres, et ainsi causé des dommages très-considérables. Cependant quelquefois ces inondations sont une cause de fertilité. Nous savons qu'en Egypte, celle du Nil est beaucoup plus appréciée, lorsque les eaux de ce fleuve s'élèvent à une certaine hauteur, que lorsqu'elles restent peu élevées et que la crue est peu abondante. Le Nil n'est pas le seul fleuve de la terre, dont les inondations soient périodiques et annuelles. Dans l'Inde, l'on a appelé la rivière de Pégu le Nil indien, parce que les crues auxquelles elle est sujette ont lieu périodiquement tous les ans, qu'elle inonde ce pays dans une étendue fort considérable, et qu'il dépose comme le Nil, sur les terres, un limon fertilisateur. Le Niger, en Afrique, la rivière de la Plata en Amérique, le Gange, l'Indus et l'Euphrate, en Asie, ont aussi des crues périodiques, qui causent des inondations chaque année.

Les plus grands fleuves de l'Europe sont le Volga,

qui a un cours de plus de six cents lieues, depuis sa source jusqu'à Astracan, sur la mer Caspienne où il a son embouchure ; le Danube, dont le cours est de quatre cent cinquante lieues, depuis les montagnes de la Suisse où il a sa source, jusqu'à son embouchure dans la mer Noire ; le Don, qui a quatre cents lieues de cours, et le Dnieper, qui n'a pas moins de trois cent cinquante lieues.

Les plus grands fleuves de l'Asie sont le Kiang ou fleuve bleu, de la Chine, qui a plus de huit cents lieues depuis sa source jusqu'à la mer de Corée, où il a son embouchure ; le fleuve Jaune, qui a plus de sept cents lieues de cours; les fleuves Oby et Amour, qui en ont plus de six cents ; le Gange, qui en a cinq cent cinquante; l'Euphrate, cinq cents, et l'Indus, quatre cents, depuis sa source jusqu'à la mer d'Oman, dans laquelle il porte ses eaux.

Les plus grands fleuves de l'Afrique sont le Niger et le Nil, dont les cours sont de plus de neuf cents lieues.

Enfin les plus grands fleuves de l'Amérique, qui sont aussi les plus larges du monde, sont la rivière des Amazones, dont le cours est de plus de mille lieues ; le Mississipi, qui a plus de sept cents lieues, depuis sa source au lac des Assiniboils jusqu'à son embouchure; la rivière de la Plata, qui a plus de huit cents lieues en remontant depuis son embouchure jusqu'à la source du Parana dont elle reçoit les eaux ; la rivière de Madeira, qui se jette dans la rivière des Amazones, a aussi plus de six cents lieues de cours.

Les fleuves dont les cours sont les plus rapides, sont le Tigre, l'Indus et le Danube ; mais la vitesse des eaux d'un fleuve dépend de deux causes, c'est-à-dire de la pente et du plus ou moins d'eaux qu'il reçoit de ses affluents, et par conséquent du poids de ces eaux.

Il y a sur la surface du globe des contrées élevées qui paraissent être des points de partage marqués par la nature, pour la distribution des eaux. Les environs du mont Saint-Gothard sont un de ces points en Europe. Un autre de ces points est le pays situé entre les provinces de Belzora et de Vologda en Russie, desquelles descendent les rivières, dont les unes vont se jeter dans la mer Blanche, d'autres dans la mer Caspienne et d'autres encore dans la mer Noire. En Asie, le Caucase et le Turkestan sont aussi de ces points de partage des eaux, desquels les fleuves descendent et vont se jeter, les uns dans la mer d'Arabie, et les autres dans le golfe du Bengale. En Amérique, la province de Quito alimente les fleuves et les rivières, qui portent leurs eaux dans les mers du Sud et dans le golfe du Mexique.

Il y a dans l'ancien continent environ quatre-vingts fleuves qui ont leurs embouchures dans l'Océan, dans la Méditerranée et dans la mer Noire, et dans le nouveau continent, l'on ne connaît guère que vingt-cinq fleuves qui se jettent dans l'Océan et dans le golfe du Mexique.

CHAPITRE XI.

DES MERS, DU FLUX ET DU REFLUX.

Dans l'origine, les mers étaient peu profondes, et couvraient à peu près toute la terre; il n'y avait guère que les chaînes de montagnes les plus hautes et quelques plateaux des plus élevés, qui ne fussent pas submergés; c'est sans aucun doute sur ces plateaux, qui étaient dans toute la puissance de leur fécondité, que les premiers hommes et les premiers animaux, après la création, ont dû naître, vivre et mourir. Mais il existait dans la croûte extérieure de la terre, de larges et profondes cavités. Or, les eaux des mers, ayant peu à peu dilaté et détrempé les terres qui recouvraient ces cavités, les terres qui formaient les voûtes de ces immenses souterrains s'écroulèrent et les eaux se précipitèrent dans leurs profondeurs et laissèrent de nouvelles terres à découvert. Nous avons pour preuve de ces faits les amas de coquilles marines, que l'on trouve encore actuellement dans les plus hautes montagnes, à des hauteurs considérables au-dessus du niveau des mers. C'est donc par l'enfoncement de ces cavités de la terre, que les îles sont devenues des continents et que les mers ont eu peu à peu les profondeurs que nous leur connaissons, et que nous pouvons évaluer d'après les différences de niveau, qui existent entre le sommet des plus hautes montagnes et les plus profondes dépressions des lacs et des fleuves de la terre. Il ne faut donc pas croire que les mers intérieures actuelles ont été l'effet de l'irruption des eaux de l'Océan, mais qu'elles ont toujours existé et qu'elles ont eu autrefois une étendue beaucoup plus considérable que celles qu'elles ont de nos jours.

Nous savons que dans les mers peu profondes et surtout dans le voisinage des côtes, les plantes marines se multiplient et tapissent le fond de la mer; mais il n'est pas probable que dans les grandes profondeurs dans lesquelles l'air et la lumière ne peuvent pénétrer, les plantes et les animaux puissent y vivre et s'y reproduire : il n'y a donc dans ces profondeurs ni plantes, ni poissons, ni reptiles, ni mollusques, ni zoophytes.

L'eau n'a qu'un mouvement naturel et qui lui vient de sa fluidité; elle descend toujours des lieux les plus élevés, dans les lieux les plus bas, lorsqu'il n'y a point de digues ou d'obstacles qui la retiennent ou qui s'opposent à son mouvement. Toutes les eaux de l'Océan sont donc rassemblées dans les lieux les plus bas de la terre, et les mouvements de la mer viennent des causes extérieures. Le principal mouvement est celui du flux et du reflux, duquel il résulte un mouvement continuel de toutes les mers d'Orient en Occident ; ces deux mouvements ont un rapport constant avec les mouvements de la lune. Dans les pleines et dans les nouvelles lunes, ce mouvement des eaux, d'Orient en Occident, est plus sensible, aussi bien que celui du flux et du reflux ; celui-ci se fait sentir dans l'intervalle de six heures et demie sur la plupart des rivages, de sorte que le flux arrive toutes les fois que la lune est au-dessus ou au-dessous de l'horizon. Le mouvement des mers est continuel et constant, parce que toutes les eaux de l'Océan, dans le flux, se meuvent d'Orient en Occident, et que le reflux ne peut avoir lieu qu'en sens contraire. Le flux doit donc être considéré comme une intumescence, et le reflux comme une détumescence des eaux, lequel au lieu de troubler le mouvement d'Orient en Occident le produit, quoiqu'à la vérité il soit plus fort pendant l'intumescence et plus faible pendant la détumescence. Ce mouvement est beaucoup plus sensible dans les nouvelles et dans les pleines lunes, que dans les quadratures ; pendant le printemps et l'automne le flux est plus fort, il est plus faible au temps des solstices ; ce qui s'explique par l'action que le soleil et la lune exercent sur les eaux. Les vents changent aussi souvent la direction et la quantité de ce mouvement, lorsqu'ils soufflent constamment du même côté; il en est de même des grands fleuves qui portent leurs eaux dans les mers et qui y produisent un mouvement de courant qui s'étend quelquefois fort au loin. Lorsque la direction du vent s'accorde avec le mouvement général, il en devient beaucoup plus considérable : l'on a un exemple de ce fait dans l'Océan Pacifique, où le mouvement causé par le vent est constant. L'on doit remarquer que lorsqu'une partie d'un fluide se meut, toute la masse de ce fluide se meut aussi ; or, dans le mouvement des marées, il y a une grande partie de l'Océan qui se meut sensiblement, toute la masse des mers se meut en même temps, et les mers sont agitées par ce mouvement dans toute leur étendue et dans toute leur profondeur.

De ce mouvement alternatif du flux et du reflux, il résulte un mouvement continuel de la mer d'Orient en Occident, parce que la lune, qui produit l'intumescence des eaux, en raison du mouvement de la terre d'Occident en Orient, exerce son action sur l'Océan d'Orient en Occident, et qu'en agissant ainsi successivement dans cette direction, les eaux suivent son mouvement. Les marées sont plus fortes et font hausser les eaux davantage dans la zone équatoriale et entre les tropiques, que dans les climats tempérés ;

elles sont aussi beaucoup plus sensibles dans les mers qui s'étendent d'Orient en Occident, dans les golfes qui sont longs et étroits, et sur les côtes où il y a des îles et des promontoires (1).

Le plus grand flux que l'on connaisse est à l'une des embouchures du fleuve Indus, où les eaux s'élèvent de six mètres ; il est aussi fort remarquable auprès de Malaye, dans le détroit de la Sonde et dans la baie de Nelson, où il s'élève de cinq mètres; à l'embouchure du fleuve Saint-Laurent, sur les côtes de la Chine, sur

(1) L'explication que nous donnons ici sur le flux et le reflux de l'Océan est celle de l'opinion généralement admise; mais nous pensons que ce mouvement des eaux pourrait bien être dû à d'autres causes qu'à celle de l'influence de la lune. En effet, comment admettre que la lune a plus de pesanteur pendant les pleines que dans les nouvelles lunes, et qu'elle a pour cette cause plus d'influence sur l'Océan? Il y a bien un motif qui milite en faveur de l'opinion admise, c'est que le flux et le reflux ont comme la lune un retard chaque jour; mais ce retard est d'une heure pour chaque marée, tandis que celui de la lune, à son lever de chaque jour, n'est que de 49 minutes ; et si l'on fait attention à ce que le flux a une durée de six heures et demi, l'on aura l'explication de ce retard.

Nous devons donc attribuer le flux et le reflux de l'Océan au mouvement de la terre d'Occident en Orient, aux vents alisés qui soufflent constamment de l'Est entre les tropiques sur une surface d'environ 1200 lieues de large et d'une longueur égale à la circonférence du globe terrestre; à ces vents qui sont assez forts pendant la nuit et presque nuls pendant le milieu du jour, en raison de l'attraction solaire, laquelle jointe aux autres causes que nous venons d'indiquer, produit probablement en même temps l'intumescence dans les mers équatoriales, et la détumescence dans les mers des climats tempérés, et réciproquement.

L'on pourrait nous faire observer que, si le flux et le reflux de l'Océan étaient dus aux causes que nous indiquons, ils se produiraient tous les jours à la même heure, dans toutes les contrées qui se trouvent par la même longitude. A cette objection, nous répondrons que le flux a une durée de six heures et demi, et que le mouvement de la masse des eaux des mers étant continuel et constant, la durée du flux et du reflux ne varie jamais ; c'est pour cela que les marées ont chaque jour un retard d'une heure, et qu'après chaque période de vingt-quatre jours, le flux se trouve avoir lieu à la même heure seulement.

celles du Japon, à Panama et dans le golfe du Bengale.

Le mouvement de la mer, d'Orient en Occident, est très-sensible dans certains endroits : les navigateurs l'ont souvent observé en allant de l'Inde à Madagascar et en Afrique; il se fait sentir aussi avec beaucoup de force dans l'Océan Pacifique et entre les Moluques et le Brésil. Mais les endroits où ce mouvement est le plus violent sont les détroits qui joignent les deux Océans; les eaux de la mer sont portées avec tant de violence d'Orient en Occident par le détroit de Magellan, que ce mouvement se fait sentir dans l'Océan Atlantique, et l'on prétend que c'est ce qui a fait conjecturer à Magellan qu'il y avait un détroit par lequel les deux mers avaient une communication. Dans le détroit des Manilles et dans les canaux qui séparent les îles Maldives, la mer coule d'Orient en Occident, comme aussi dans le golfe du Mexique, entre Cuba et Yucatan. Ce mouvement est aussi très-violent dans la mer du Canada, aussi bien que dans la mer de Tartarie. L'Océan Pacifique coule de même d'Orient en Occident par les détroits du Japon. La mer du Japon coule vers la Chine, l'Océan Indien coule vers l'Occident dans le détroit de Java et par les détroits des autres îles de l'Inde. L'on ne peut donc guère douter que la mer n'ait un mouvement constant et général d'Orient en Occident, et l'on est assuré que l'Océan Atlantique coule vers l'Amérique, et que l'Océan Pacifique s'en éloigne, comme on le voit au cap des Courants entre Lima et Panama.

CHAPITRE XII.

DES COURANTS MARINS, DES TERRES NOUVELLES QUE LES MERS LAISSENT A DÉCOUVERT ET DES GLACES DANS LES RÉGIONS POLAIRES.

Dans les voyages autour du monde, les navigateurs ont indiqué les causes de la plupart des courants, telles que celles du flux et du reflux pendant les marées, celui de la rivière des Amazones dont l'influence se fait encore sentir à trois cents lieues de son embouchure et oblige souvent les capitaines de navires qui vont à la Guyane, à changer la direction de leur route ou à louvoyer pendant quinze jours, pour arriver à cette destination. L'Orénoque, le Mississipi et la rivière de la Plata en Amérique, ainsi que le Volga dans la mer Caspienne, sont aussi la cause de courants qui se font sentir à de grandes distances.

Nous savons qu'il existe aussi de forts courants dans la Méditerranée : celui de l'Océan par le détroit de Gibraltar et celui de la mer Noire par la mer de Marmara et le détroit des Dardanelles. Nous devons attribuer ces courants à l'étendue considérable de la Méditerranée, à l'évaporation qui a lieu sur son immense surface, et aux quelques fleuves seulement dont elle reçoit les eaux. Dans la mer Noire, c'est le contraire qui a lieu; le Danube, le Dniester, le Dnieper et le Don, qui sont des fleuves considérables, ont leurs embouchures dans cette mer qui a peu d'étendue et l'oblige à déverser ses eaux dans la Méditerranée, dont le niveau est, pour ces différentes causes, toujours plus bas que ceux de l'Océan et de la mer Noire.

Il existe encore quelques courants dont la cause est restée inconnue jusqu'à nos jours. (Nous nous rappelons sans doute que lors de son départ pour aller à la découverte du nouveau monde, Christophe-Colomb dirigea sa route à l'Ouest, et qu'après plus de deux mois d'une navigation aussi difficile que périlleuse, il prit terre à une des petites Antilles qu'il nomma Désirade; or, cette île est à environ 550 lieues plus au Sud, que la direction qu'il avait prise, les courants l'avaient donc fait dévier de cette distance.) Ce sont les courants Nord et Sud, qui existent dans l'Océan : nous devons aussi les attribuer à l'évaporation considérable, qui a lieu dans les régions équatoriales, qui sont le plus immédiatement soumises à l'action du soleil (1).

(1) C'est aussi à l'évaporation que l'on doit le plus ou moins de salure de l'eau des mers; ainsi celles de la Méditerranée et des mers équatoriales sont beaucoup plus salées que celles de la mer Blanche, de la Baltique et de la mer du Nord. La mer Noire doit être aussi très-peu salée, mais c'est en raison des fleuves nombreux et des autres cours d'eaux qui ont leurs embouchures dans cette mer et dont elle est le réservoir.

C'est également à cette même cause d'évaporation, que nous devons la découverte des terres nouvelles, que les mers ont laissées à découvert depuis les temps historiques. C'est cette évaporation qui, après des milliers d'années, a fait baisser le niveau des mers et augmenté ainsi l'étendue des continents, et qui fera vraisemblablement un jour relier à l'Océanie la multitude d'îles comprises dans la Micronésie et la Polynésie.

Ces amas de vapeurs qui se renouvellent sans cesse sont emportées par les vents et vont retomber, en partie du moins, en neiges et en glaces, dans les régions polaires où elles se sont accumulées pendant des milliers d'années et dont l'étendue est si considérable, que l'on ne saurait l'évaluer à moins de 600,000 lieues carrées. C'est à ces amas de glaces et de neiges que nous devons les grands froids que nous ressentons pendant les hivers rigoureux. Mais ces grands froids ne sont rien encore : ces immenses espaces déjà glacés s'augmentent chaque année et menacent d'envahir les régions tempérées ; et les nations qui habitent ces régions, seront probablement un jour forcées de les abandonner pour aller habiter des climats plus doux.

CHAPITRE XIII.

DU SOLEIL.
DE L'OPINION DES ANCIENS ET DES MODERNES SUR LA NATURE DE CET ASTRE.

Le soleil est de tous les astres qui remplissent l'univers et l'immensité des cieux, le plus digne de nos regards et de notre admiration; c'est par sa chaleur que celle de la terre est mise en mouvement, et l'on doit à sa puissance attractive le rayonnement et la lumière, qui sont les principes de vie et d'organisation de toute la nature. Aussi les peuples de l'antiquité, mus par un sentiment de reconnaissance envers le créateur de toutes choses, avaient-ils érigé des autels à cet astre bienfaisant.

Il est possible que le soleil soit de même nature que la terre, mais il est beaucoup plus considérable; quoi qu'il en soit, sa dimension et son volume ont été fort exagérés. Cependant les philosophes de tous les temps ont émis diverses opinions sur sa matière. Selon les anciens, tels que Platon, Zénon et Pythagore, c'est un globe de feu; parmi les modernes, Képler, Kircher et Riccioli ont été du même sentiment. Descartes et quelques autres après lui ont pensé qu'il était d'une matière très-subtile, capable d'exciter en nous la sensation de la lumière et de la chaleur. D'autres physiciens considèrent le feu et la lumière du soleil, comme étant la même matière sous des aspects différents.

Cet astre, vu au télescope et à l'aide de verres colorés qui en affaiblissent l'éclat, présente souvent des taches noires et irrégulières, environnées d'une bordure foncée et douées toutes d'un mouvement commun. Ce phénomène dont la découverte appartient à l'astronomie moderne, et qui a fait reconnaître le mouvement du soleil sur lui-même, s'explique, selon M. de Laplace, en supposant que cet astre est une masse embrasée qui éprouve d'immenses éruptions et laisse voir à sa surface par intervalles de vastes et profondes cavités ; et selon Herchell, en le supposant au contraire un corps solide, environné d'une atmosphère lumineuse, dans laquelle flottent des nuages enflammés, lesquels en se séparant quelquefois, mettent à nu le noyau obscur de cet astre, opinion en effet d'accord avec les remarques de Wilson sur les différents aspects sous lesquels les taches se présentent.

CHAPITRE XIV.

DE LA DISTANCE DE LA TERRE AU SOLEIL.

Depuis quelques siècles, les astronomes ont donné pour distance de la terre au soleil 34,000,000 de lieues; cette distance est évidemment fort exagérée. Si le soleil était à 34,000,000 de lieues de la terre, il ne serait probablement pas visible à l'œil nu ; mais d'ailleurs, fût-il aussi visible qu'il nous paraît, son obliquité au solstice d'hiver serait beaucoup moindre et les jours seraient égaux aux nuits en tous temps sur toute la terre. Le soleil est donc bien loin d'être aussi éloigné de nous. Mais du reste il existe un moyen à peu près certain de trouver la distance de la terre au soleil.

Si nous voulons un moment jeter un coup d'œil sur la figure du triangle rectangle, nous verrons qu'une de ses propriétés, est que ses trois côtés sont proportionnels; donc connaissant la latitude d'un lieu et la distance de ce lieu à l'équateur, il sera facile, au moyen d'un compas, de trouver la distance de la terre au soleil.

Pour cette opération, il convient de choisir les époques auxquelles le soleil est à l'équateur, c'est-à-dire les 22 mars ou 22 septembre. Donc le 22 mars, quelques minutes avant midi, nous placerons notre compas sur un piédestal disposé à cet effet, et ayant soin de tenir le compas verticalement, nous viserons le bas du soleil au-dessus de la branche supérieure du compas, et lorsque le soleil sera au point le plus élevé au-dessus de l'horizon, c'est-à-dire lorsqu'il sera midi, nous aurons l'ouverture de l'angle, qui devra servir à notre opération.

Nous prendrons pour base de notre calcul la latitude Nord, du 48 degrés, 49 minutes, qui est celle du lieu que nous habitons. Nous aurons alors pour la distance de cette latitude à l'équateur, 1220 lieues que nous rapporterons à l'échelle de trois millimètres pour deux cents lieues. Cela fait, nous dessinerons notre triangle, d'après l'ouverture du compas à midi précis, et nous donnerons à la base de ce triangle *m n* dix-huit millimètres et un dixième pour les 1220 lieues de distance de notre latitude à l'équateur. De cette manière, la verticale *n x* donnera pour la distance de la

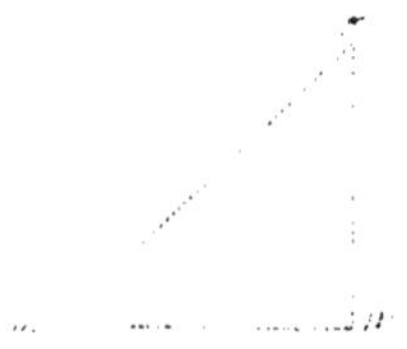

terre au soleil à l'équateur 1120 lieues, et l'hypoténuse *m x* 1740 lieues pour la distance de la latitude, que nous avons indiquée ci-dessus au soleil; et par laquelle nous avons opéré (1).

Ainsi sont à peu près les distances de la terre au soleil : les moyens que nous avons employés pour les obtenir, ne permettent guère de douter de leur exactitude ; nous avons donc tout lieu d'espérer qu'elles seront considérées comme les seules véritables.

(1) Au solstice d'hiver, l'inclinaison de la terre sur l'équateur est de 23 degrés. Il résulte de cette observation que si le soleil était de 575 lieues plus élevé seulement, les jours seraient égaux aux nuits, au 21 décembre comme aux temps des équinoxes.

CHAPITRE XV.

DE LA LUNE, DE SA TEMPÉRATURE, DE SA RÉVOLUTION PÉRIODIQUE ET DE SA DISTANCE DE LA TERRE.

Nous nous demandons quelquefois si la lune a eu comme la terre des propriétés vitales, s'il a jamais existé des êtres vivants sur cette planète, et si elle a pu, comme la terre, aussi produire les plantes nécessaires à leur nourriture ? Tout ce que l'on peut en savoir actuellement, c'est que c'est un corps céleste complétement refroidi et réduit à son maximum de densité, qui n'a par conséquent plus d'atmosphère, plus aucune partie de sa matière à l'état de fluidité, plus aucun indice, aucun principe de vitalité. Sa température y est très-probablement fort au-dessus des plus grands froids de la terre.

Nous savons qu'elle exécute son mouvement sur elle-même en vingt-neuf jours et demi, ce qui fait qu'il y a à son lever de chaque jour un retard de 48 minutes et de 48 secondes ; pendant cette circonvolution elle nous présente successivement toutes ses phases; elle a aussi, comme la terre, un mouvement de rotation annuel pendant lequel elle parcourt un cercle dont la circonférence est d'environ 2000 lieues. Comme tous les autres corps planétaires elle reçoit sa lumière du soleil, qu'elle nous transmet par voie de réflexion; elle subit à l'égard de son mouvement périodique la loi de ce dominateur des corps célestes.

La distance de la terre à la lune, comme celle de la terre au soleil, a été fort exagérée; il suffit d'observer cet astre à l'œil nu, pour être convaincu de cette exagération. Mais d'ailleurs nous pouvons encore en mesurer la distance par des moyens analogues à ceux que nous avons déjà employés pour trouver celle de la terre au soleil. A cet effet, nous choisirons le temps auquel la lune est au cercle de la sphère, indiquant le 46e degré de latitude Nord, et nous aurons soin de prendre l'ouverture de l'angle qui devra servir à notre opération à l'instant où la lune est au point le plus élevé au-dessus de l'horizon. Connaissant l'ouverture de l'angle, et notre triangle dessiné, nous rapporterons les trois côtés de ce triangle à l'échelle de deux centimètres pour cent lieues. De cette manière la base $p\ q$ nous donnera 75 lieues pour la distance comprise entre la latitude du cercle indiqué ci-dessus, et celle par laquelle nous aurons opéré; la verticale qx 110 lieues pour la plus petite distance de la terre à la lune, et l'hypoténuse px 130 lieues pour la plus grande.

Tel est à peu près l'état actuel de la lune, ses vicissitudes et ses distances de la terre : a-t-elle jamais donné naissance à des êtres animés ? S'il en a été ainsi, la terre (1) en lui dérobant sa chaleur, a enlevé à ses éléments toutes leurs fluidités, qui étaient ses principes de vie et sa fécondité, et déterminé dans cette planète la mort de la nature.

(1) Dans son origine, la terre avait une très-grande chaleur ; elle a donc dû s'incorporer encore celle de la lune, qui est beaucoup plus près d'elle que du soleil, dont l'action sur la lune était neutralisée par celle de la terre.

CHAPITRE XVI.

DE QUELQUES USAGES DES ANCIENS, PARTICULIERS A LA LUNE, ET DES OBSERVATIONS SUR CET ASTRE.

Les premiers peuples de la terre mesuraient le temps par les phases de la lune ; c'était à l'une d'elles que se réunissaient les familles des enfants de Noé, les plus dispersées dans les plaines de Sennaar.

Pour découvrir la lune ils s'assemblaient le soir sur les hauteurs, et lorsqu'ils avaient aperçu le croissant, ils célébraient le sacrifice du nouveau mois, qui était toujours suivi de repas et de fêtes. Les nouvelles lunes, qui coïncidaient avec le renouvellement des quatre saisons et auxquelles l'on a substitué les quatre temps, étaient les plus solennelles.

La Grèce fut redevable à Méton, qui vivait 430 ans avant Jésus-Christ, de la connaissance exacte du mouvement de la lune et de la durée de ses révolutions.

Vers le commencement de l'avant-dernier siècle, Galilée, en observant la lune avec le télescope, y découvrit le premier des montagnes et les ombres de ces montagnes. Il publia sa découverte en 1610 dans un ouvrage intitulé : *Nuntius Sidereus*.

M. de Laplace dit, dans son exposition du système du monde, chapitre IV, que dans une éclipse totale de soleil, l'on voit une couronne de lumière pâle, qui est probablement l'atmosphère du soleil, car son étendue ne peut convenir à celle de la lune. En effet, il est prouvé par les occultations des étoiles par la lune, que si elle avait une atmosphère sensible, une étoile ne serait pas occultée brusquement, comme on l'observe et ne reparaîtrait pas tout à coup aussi brillante qu'avant sa disparition. Il est donc naturel de conclure de là que l'atmosphère de la lune, en supposant qu'elle existe, est d'une extrême rareté, et que par conséquent il n'y a sur ce satellite de la terre ni eau comme la nôtre, ni êtres vivants d'aucune espèce de ceux que nous connaissons. Cet astre observé au télescope, présente une surface aride et des taches, que l'on prenait autrefois pour des mers. L'on y remarque aussi de grandes aspérités et de profonds abîmes, que les astronomes sont parvenus à mesurer avec quelque justesse. L'on a même cru voir dans la partie obscure, des effets d'éruptions volcaniques. Convenons cependant que nos connaissances sur la nature de cet astre sont à peu près nulles.

FIN.

TABLE DES MATIÈRES

Bar-le-Duc. — Typ. L. Guérin.

www.ingramcontent.com/pod-product-compliance
Ingram Content Group UK Ltd.
Pitfield, Milton Keynes, MK11 3LW, UK
UKHW021551260726
13993UKWH00002B/762